第２版

インタフェースデザインの教科書

井上勝雄 ㊟

INTERFACE DESIGN TEXTBOOK / KATSUO INOUE

丸善出版

はじめに

21世紀に入り、パソコンのみならず携帯電話やタブレット端末は誰もが使用する日用雑貨となった。人々は好むと好まざるとにかかわらず、インターネットと密接に結ばれた製品やシステム、サービスに囲まれて日々を暮らしている。これらの多機能化に伴い、その操作もますます複雑になっている。今日では、使いやすさはもちろんのこと、直感的に使えてより楽しい感性的なインタフェースデザインが望まれている。このように、身のまわりのインタフェースデザインに対する人々の要求はますます高まっているものの、開発設計者やデザイナーが学ぶにあたってよりどころとなる書籍はほとんどない。

そこで、企業での実務経験と大学における教育・研究成果を踏まえて、インタフェースデザインの設計論を体系的にまとめた。

本書の対象読者は、開発設計者やデザイナーだけでなく、これからインタフェースデザインを学ぼうとする学生も強く意識している。また、商品企画の担当者やインタフェースデザインに興味がありユーザーでもあるビジネスマンも理解できるように配慮した。したがって、本書はインタフェースデザインの教科書とよぶべき内容になった。

まず第1章では、実務経験から導いたインタフェースデザインの開発プロセスを概観した。より使いやすいデザインとするためには、人間中心設計の考え方にもとづいた開発プロセスが必須であり、人間とその認知機構についての深い理解が欠かせない。

そこで第2章では、コンピュータが登場して研究が進んだ人間の認知と記憶のメカニズムについて解説した。しかし、ここで得られた人間の認知と記憶に関する知識を設計に盛り込むには、それらをモデル化しなければならない。

これを受けて第3章では、心理学者がインタフェースに対して提唱している、いくつかの認知モデルについて説明した。複数の認知モデルから、ユーザーは頭の中でインタフェースをどのように理解して操作を行っているのかを解き明かす。

第4章では、操作用語の視点からインタフェースを分類し、解説した。操作用語の種類や操作方法を説明するガイダンス・ヘルプに関する知見を紹介し、この延長線上にある音声インタフェースについても言及した。

第5章では、開発プロセスや人間の認知機構とそのモデル、および操作用語の分類を踏まえて、インタフェースデザインを設計するための具体的な手法を解説した。基本となるガイドラインやルールをおさえて、デザインコンセプトの策定から画面遷移の検討を経て、グラフィックデザインに落とし込むまでの一連の流れを学ぶことができる。

第6章では、設計・デザインしたもの（プロトタイプ）を評価する手法について解説した。あわせて、ユーティリティとよばれる技術的な視座も必要であることを述べた。

第7章では、マルチモーダル、実世界指向、ユビキタスといった3つのキーワードから次世代のインタフェースを紹介した。今後の技術動向を理解することで、先進的なインタフェースデザインを提案する手助けになる。

第8章では、ユーザーの感情や慣れなどがインタフェースデザインの設計に影響を与える要因を解説し、ユーザーの視点からインタフェースデザインのあり方を述べた。

第9章では、最新の感性的なインタフェース、使いたくなるインタフェースはどのように設計するのか、またその特性はどのようなものかを詳しく解説した。

付録では、インタフェースデザインに関する知的財産権について実例を交えて平易に解説した。とくにインタフェースデザインの特許取得は、新しいコンセプトのデザインの権利を守るとともに他社の模倣を排除する役割があるので必須の基礎的知識である。

最後に、共同研究者である酒井正幸教授（札幌市立大学）と広川美津雄教授（東海大学）に多くのご支援をいただき厚く感謝の意を表す。また、貴重な助言をいただいた山崎和彦教授（千葉工業大学）と高橋克実氏（株式会社ホロンクリエイト）にも謹んでお礼を申し上げる。加えて、本書の出版は日本デザイン学会のデザイン理論・方法論部会の活動の一環でもある。さらに、本書を出版するにあたって尽力をいただいた丸善出版の渡邉康治氏に心より感謝を申し上げる。

2013年10月

井上　勝雄

第２版　はじめに

初版では、インタフェースを初めてデザインという視点からデザイナーが執筆した本として、多くの方々からご支持を頂いた。しかし、この数年間のICT技術の進展とインタフェースに経験価値を積極的に取り入れようとするユーザーエクスペリエンス（UX）への注目度が高くなってきた。

そこで本改訂にあたり、前回解説することができなかったモノのインタフェースであるIoTと、益々ネット接続に移行する今日において期待の大きいWeb3.0がインタフェースデザインにどのような影響があるのかの説明を加えた。また、そこから発生する問題（リスクホメオスタシス）についても追記した。

さらにUXについて、具体的な設計論を事例付で解説した。またUXに関係することとして、筆者が研究を進めている感性的なインタフェースデザインについて加筆するとともに、類似の考え方であるゲームニクス理論についても追記した。

また、初版になかった試みとして、解説を補う目的で、筆者のYouTube動画（井上勝雄チャンネル）との連携を図った。さらには紙面の都合から、付録の「知的財産権」については丸善出版のホームページで閲覧できる形式とした。開発設計者、デザイナー、インタフェースデザインを学ぼうとする学生、商品企画担当者やインタフェースデザインに興味のあるビジネスパーソンなど、引き続きより多くの方々に利用いただけることを願っている。

最後に、本改訂にあたり、貴重な助言をいただいた久野弘明准教授（岡山理科大学）に、謹んでお礼を申し上げる。

2019年11月

井上　勝雄

目　次

3 人間の認知モデル 31

4 操作用語による分類 51

5 設計の手法 69

※付録（p.183～p.199）は、丸善出版ホームページ、本書商品案内ページより、閲覧いただけます。

付録　知的財産権　183

1

開発のプロセス

INTERFACE DESIGN TEXTBOOK

1.1 インタフェースとは

インタフェースとは、一般的に「接点」または「境界面」を意味する。ハードウェアやソフトウェア、人間（ユーザー）といった要素が、互いに情報をやりとりする際に接する部分を示す。または、その情報のやりとりを仲介するための仕組みを示すこともある。インタフェースは、広く接点を示す用語として、抽象的な意味から物理的な意味まで広く用いられている。人間とコンピュータとの接点だけでなく、ハードウェアとコネクタ、アプリケーションソフトウェアとオペレーティングシステム（OS）などというように多様である。

インタフェースの中で、とくにデザインと関係が深い人間がコンピュータを扱うために必要な操作方法や表示方法などを指す場合は、ユーザーインタフェース（UI）とよぶことが多い。ユーザーインタフェースを構成する要素には、画面表示から入力装置まで多様な要素が含まれる。代表的な区分として、今日では開発者向けになってきているテキスト（文字情報）によるコマンド（命令）をキーボード入力することでコンピュータを操作するキャラクターユーザーインタフェース（CUI）と、最近のアイコンを中心とした視覚的な要素をポインティングデバイスや指のタッチ式で操作するグラフィカルユーザーインタフェース（GUI）がある。

一方、特定の作業を行うアプリケーションソフトウェアは、その機能や表示を実現するために、OSやライブラリなどが用意しているプログラム部品を利用することが多い。その際、ソフトウェア間で各情報を受け渡しするための規約もインタフェースとよばれている。とくに、開発の際に簡単にプログラム部品を利用できるようにあらかじめ用意されたインタフェース群はアプリケーションプログラミングインタフェース（API）とよばれている。

スマートフォンのアプリは「アプリケーション」の略で、ユーザーは端末をより便利に、より自分らしく使うためにこれを追加している。フィーチャーフォンとスマートフォンの大きな違いは、アプリをネットから追加することで、好きなようにカスタマイズできることである。これはアプリとOSのインタフェースにより実現されている。

また、デザインに関するインタフェースでは、人間視点のヒューマンインタフェースという用語がよく使われている。ユーザーインタフェースはパソコンやスマートフォンに代表される情報機器やシステムのインタフェースに多く用いられている（図1.1）。

以上を踏まえると、デザインという設計論の観点から、インタフェースデザインとは、人間が情報機器を扱うために必要な操作方法や表示方法などをユーザーの視点からデザインすることである。また、インタフェースデザインを設計する流れとしては、まず、該当製品に対するユーザーの要求項目をあきらかにして、次に操作・表示方法に関するコンセプトを策定する。続いて、インタフェースとしての製品とユーザーの対話の流れを設計仕様書として作成する。そして、その仕様書をもとに具体的な表現のデザインを行う。

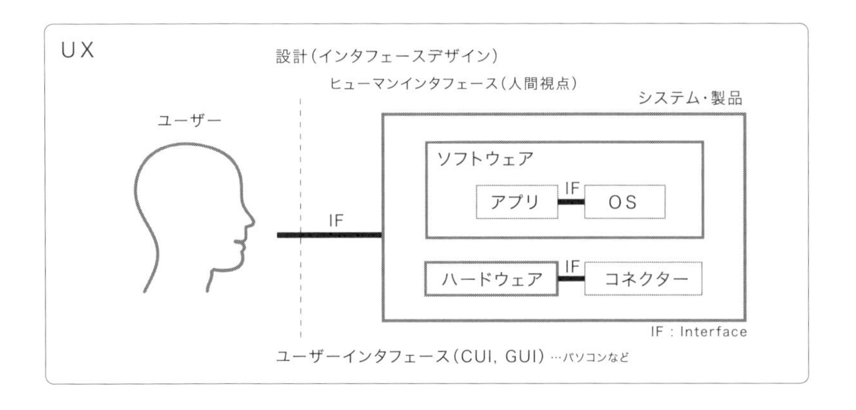

図 1.1　各種のインタフェースとその関係

1.2 インタフェースデザインの誕生

未来学者アルビン・トフラー[1]が予言した情報化社会の到来は、従来の造形的なスタイリングデザインだけではなく、その表示画面の GUI に代表されるインタフェースデザインを誕生させた。多くの人々に GUI が知られるようになったのはパソコンの登場からで、とくにアップルのマッキントッシュ（Macintosh）と、その後のマイクロソフトのウィンドウズ（Windows）が GUI を採用したのがはじまりである。しかし、その原形は、1973 年に米国のゼロックス社のパロアルト研究所（PRAC）で開発された試作機アルト（Alto）の GUI である。

Alto の GUI は PRAC の研究者であったアラン・ケイのダイナブックのアイデアが起点となった。ダイナブックとは、GUI が搭載された約 A4 サイズの片手でもてる小型コンピュータである。子どもに買い与えることのできる値段にもかかわらず、文字のほか映像、音声も扱うことができ、さらに人間の思考能力を高められる。その「暫定ダイナブック」が Alto である。その GUI ベースのオペレーティング・システム（OS）はスモールトーク（Smalltalk）とよばれ、新しいオブジェクト指向のプログラミング言語で、ネットワーク化にも対応していた。

1979 年、新しいインタフェースを探していたアップル創業者のスティーブ・ジョブズは、自社株の購入受け入れを条件に企業秘密の Alto の GUI を見た。するとすぐさま、その GUI とそれに採用されているビットマップによる画像表示のコンセプトが今後のインタフェースデザインの方向であることを直感し、それをリサ（Lisa）とマッキントッシュのパソコンに採用した[2]。他方、マイクロソフト社のビル・ゲイツも別の機会に Alto を見学している。

日本のデザイナーもアップルの GUI に触発され、認知科学的な視点から、インタフェースの操作手順や画面遷移などの重要性を強く認識しはじめた。とくに 1990 年に刊行されたドナルド・ノーマン（D.A.Norman）の著書『誰のためのデ

ザイン ?』[3]は、この動きを加速する啓蒙書として大きな役割を果たした。

一方、インタフェースデザインの制作に携わっている日本人のデザイナーには、パソコンの OS のインタフェースデザインに関与する機会はほとんどなく、主にパソコン上で動作する C 言語や Visual Basic などを用いて GUI のインタフェースデザインを制作していた。その対象は、鉄道の駅や空港などに設置されている比較的大きな表示画面をもつ発券機のパソコンベースの GUI から、デジタルカメラや携帯電話、コピー機、プリンターなどの小さい表示画面の組込み型というべきインタフェースデザインまで広範囲であった。

その後、急速な製品の進展に伴い表示画面のアイコンなどのデザインから、ユーザーの操作に伴って次々に画面が遷移する時間軸の操作フロー（流れ）の設計までを行うようになった。さらに、操作が難しい箇所の操作画面を取り出し、その箇所を PC 上に再現し、ユーザーを被験者とするユーザビリティ評価による検証を行うなかで、今日ではデザインコンセプトの策定にまで携わるようになっている。

1.3 インタフェースデザインの開発プロセス

インタフェースデザインの開発プロセスは、調査・分析から始まる。次に抽象的なデザインコンセプトの策定（情報のデザイン)、そして、具体的な操作フローの基本設計と操作ステップの詳細検討（対話のデザイン)、さらにより具体的になる表示要素のデザイン（表現のデザイン）から構成されており、その各段階でユーザーやデザイナーによるプロトタイプを使った評価・検証を行う。その後に、実際の製品開発を開始し、場合によっては知的財産権の申請・登録という流れになる。ここでは開発のプロセスに沿って「情報のデザイン」「対話のデザイン」「表現のデザイン」の順に解説する。

情報のデザイン

情報のデザインとは、インタフェースデザインの基本的な考え方を決めることである。これは製品デザインのコンセプトを策定することに相当する。インタフェースデザインでは操作がわかりやすいことが基本になるが、今日では、直感的に使える、使いたくなる、使っていて楽しいといった視点も求められてきている。これらは第9章の感性的なインタフェースデザインとも関係する。

「情報のデザイン」の説明として、世界最初のインターネット接続の携帯電話（ドコモのｉモード）の事例を用いる。まず、通信会社から提示された仕様を携帯電話で実現するには膨大な数のボタンが必要であった。当時、後のiPhoneの原型となるPDA（Personal Digital Assistant）とよばれる携帯情報端末が登場していたが、そのサイズとスタイルでは当時のユーザーは携帯電話とみなしてくれないため、従来の携帯電話のサイズで、たくさんの機能が使いやすく操作できるインタフェースデザインのコンセプトが必要であった。

そこで採用したのが誘導概念のコンセプトであった[4]。その考え方の基本は、目的の機能を最初に選択すると、それに関係するメニューが次々に表示され、その中から希望するものを選ぶという誘導イメージであった。

図1.2に示すように、まず、中央の回転ボタンを上下に回転させて、目的の機能を選択する。その選択はループ状のメニューが表示された中から行う。基本的には中央部のボタンを回転し下押しで選択を繰り返すと操作が完了する。中央部に高い優先度があり、左右が「戻る」などの補助的なボタンとなる。それらは操作の状況により変化する。

開発プロセスの上流行程に位置する情報のデザインでは、問題箇所を早期に発見するために、簡単に制作できるラピッドプロトタイピング手法を用いる。これを下流工程に向けて繰り返し行うことで、より良いインタフェースデザインに仕上げていく。

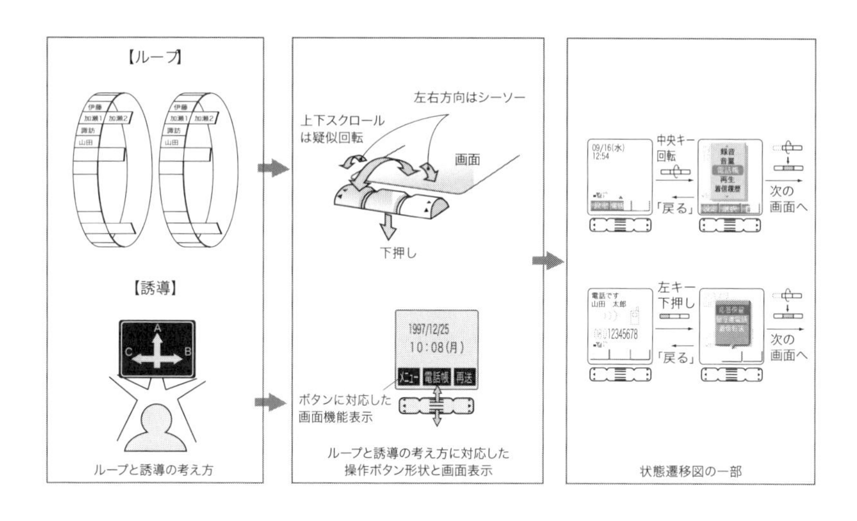

図 1.2　情報のデザイン例（誘導型インタフェースの考え方）

対話のデザイン

情報のデザインで得られたインタフェースデザインのコンセプトを具体的な操作仕様に落としこむのが対話のデザインである。ユーザーと製品とが自然に情報をキャッチボールできるような時間軸の流れ、つまり「対話」の構成を考える段階である。コンセプトの内容に従って、いくつもの操作の場面を時系列に並べ、ユーザーと製品が矛盾なく、そして円滑なコミュニケーションをとることができるような操作遷移画面のストーリー（ストーリーボード）を作成する。

ストーリーの作成においては、まずユーザーがすでにもっているメンタルモデルや学習のレベルに応じて操作の流れを検討する。たとえば、初心者には選択肢の幅を狭めること（制約）や、ガイダンスに従って段階を踏んで操作を行うアシスタント機能を準備するなどの工夫を行う。他方、ある程度操作に習熟しているユーザーにはショートカットを準備することや、目的の情報にすぐに到達できるような工夫も大切である。

また、ユーザーが製品から促され受動的に操作をするのか、あるいはユーザーが製品を能動的に操作するのかというようなことによっても、対話のデザインが変わってくる。さらに、日常的によく使用する操作と、あまり行わない操作をどのように位置付けるのかといった対話設計の基本な考え方も、ユーザーの特性や利用状況などをもとに決める。このように、対話のデザインはインタフェースデザイン設計論の中核となる段階である。そのため、ガイドラインとなる考え方や手法がこれまでいくつか提案されている。具体的には、以降の章で詳しく解説する。

インタフェースデザインでは、ある目的（ゴール：Goal）をもった一連の操作のかたまりを「タスク：Task」とよび、大小のタスクを木の枝のように組み合わせて階層構造として図示したものを、操作のフローチャートあるいは状態遷移図（図 1.3）とよぶ。ただし、状態遷移図では正確な階層を示す必要はない。

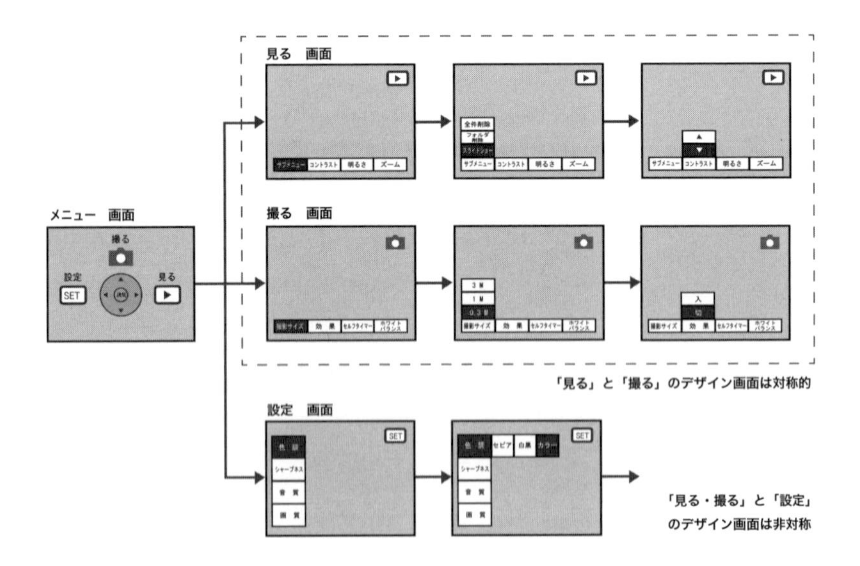

図 1.3　デジタルカメラの状態遷移図

下流行程における設計者がプログラムをするときに間違いが起こらないような状態遷移図であることが基本である。

どのようなタスクが必要かを検討することをタスク設計とよび、そのタスクを達成するための詳細な操作行為を、それぞれの操作の重要度や頻度、カテゴリーや順序を検討しながら組み立てていく。操作画面のストーリーの骨格となるフローチャートの構築がインタフェースデザインの重要なポイントとなる。

状態遷移図は、図 1.4 に示すように、選択型遷移（カスケード）と並列型遷移（モード）に大別される[5]。選択型遷移の代表例は銀行の ATM 端末である。階段上に連続する滝を意味するカスケードという名称が示すように、基本的には選択方向に対して一方通行の遷移である。階層が深くなる傾向をもち、グリム童話由来の専門用語「パンくずリスト」とよばれるユーザーの不安を解消するために全体の操作手順のうちどこまで進んだのかを表示する必要がある。公共端末のように幅広いユーザーが使い、また使用頻度が低いものが多いため、操作案内の表示や音声を用いることが多い。ウェブサイト上でのホテル予約なども選択型遷移である。

並列型遷移は、比較的使用頻度の高いパーソナルな製品に多い。その代表がデジタルカメラやスマートフォンなどである。頻繁にたくさんの機能を利用するので、ユーザーが操作に迷わないためにも 3 階層以内が一般的である。製品本体の物理的な選択ボタンに 1 階層目を集めて、2 階層目が画面の中の最上階とすることもよく行われている。また今日、タッチ操作が一般的になってきたことから、左右の画面スライドで階層を表現することも広く行われるようになってきている。詳しくは第 5 章で解説する。

状態遷移図のフローチャートを制作する際には、その流れの中の同じようなパターンが繰り返し出現するとわかりやすいといわれている。これは状態遷移図の中の「対称性」とよばれるもので、操作の一貫性にも関係する。他方、まったく異なる目的をもつ操作に移行するときは、それをユーザーに理解してもらうために、この対称性を敢えて崩すことも行われている。なお、図 1.3 ではデザイン画面の対称性と非対称性の例も示した。

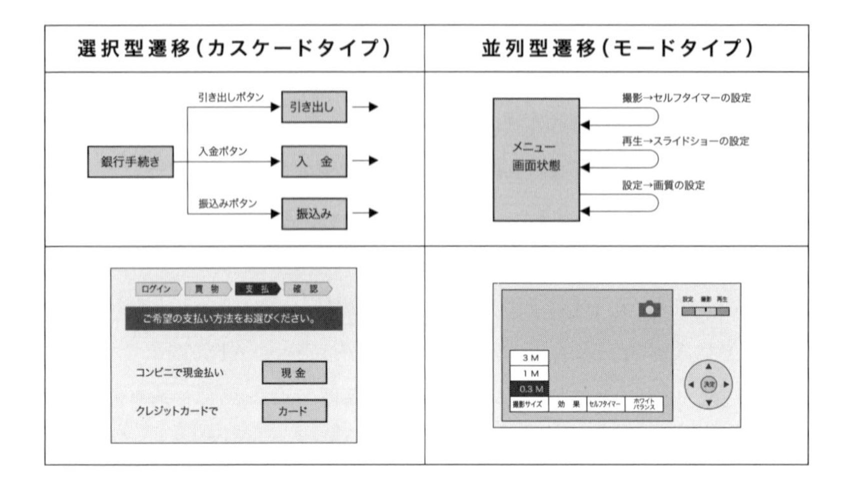

図 1.4 状態遷移図の種類

表現のデザイン

対話のデザインとその流れ（操作遷移画面のストーリー）が決まると、次にそれらの情報をユーザーの視覚や聴覚、触覚に訴える表現方法を検討する。表示画面の中では、基本的な画面レイアウトや、アイコン、ボタンなどの表示エレメント、操作フロー全体を配慮した色彩計画、動画によるアニメーション表現や表示エレメントの画像の効果編集、画面切替えのアクション設定といった、各種の表現のデザインが行われる（図 1.5）。詳しくは第 5 章で解説するが、ここではその具体的な例を説明する。

まず、画面レイアウトにおいて横書き文化では、雑誌やポスターを見たときに、人の視線が自然に左上から右下に動く。このような人の自然な視線の動きに合わせてレイアウトすることを「グーテンベルク・ダイヤグラム」とよぶ。画面レイアウトでは、このルールに従って、情報を追う視線が左上から右下に向けて流れるよ

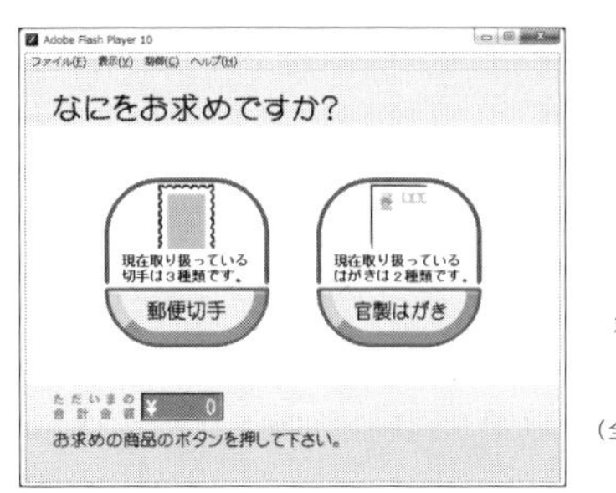

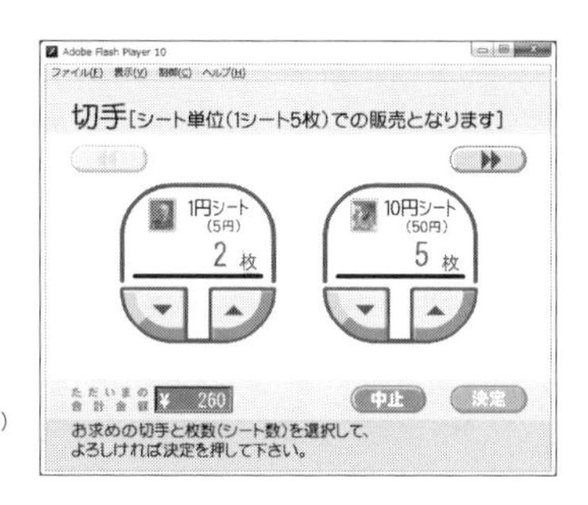

図 1.5　表現のデザイン例（切手と葉書の購入端末画面）

うに配置するのが一般的である。

次に、マウスやタッチパネルといった入力デバイスの種類、ハードウェアスイッチや関連操作部の位置を考慮して、情報表示のグルーピングなどを行い、画面分割のルールを決める。基本となるエレメントは、画面をグリッドに切ったその上に配置する。エレメントの寸法はグリッドを基準にモジュール化する。そして、アイコンやボタンといったエレメントも、作成のルールを決めて、統一感と整合性のあるインタフェースデザインにすることが大切である。

画面表示の色彩については、原色に近い赤色や青色、緑色を用いると、製品が特別の意味をもつ場合もある。とくに赤色は緊急や異常を表す場合に用いられるが、赤色の文字は判読困難なことが多いので、注意を強く促すためには文字の色ではなく背景色を赤色にするなどの工夫も必要である。また、今日では検討の必要性は低くなってきたが、表示デバイスにどのような種類のディスプレイを用いるのかによって、発光色は顕著に異なることもあるので、GUI の開発環境と製品環境の違いを確認する必要もある。

現在では、3 次元表現のインタフェースデザインも一般的になってきている。3 次元になると、表現できる空間や事物のリアリティが高まる反面、ユーザーに対して情報過多になり、かえって容易に理解できないこともある。したがって、ユーザーに適切な情報量とその表現方法を検討する必要もある。

表現のデザインの段階におけるプロトタイプは、製品化されるものと近いものとなる。プロトタイプには、図 1.5 に示すような、アドビのフラッシュ（Flash）のような汎用的なソフトが用いられることが多い。開発の最終段階では、表示画面内で画面遷移する試作機上で動作確認をすることが一般的である。インタフェースデザインはソフトウェアなので、製品の販売間近まで改善が可能である。

1.4 開発プロセスの特徴

調査・分析に始まり、情報のデザイン、対話のデザイン、表現のデザインを経て各段階での評価・検証に至るといったインタフェースデザインの開発プロセスには、2 つの特徴がある。

ひとつは、スタイリングを中心とする製品デザインと異なり、開発プロセスの各段階でプロトタイプを用いて、繰り返し何度もフィードバックを実施することでインタフェースデザインの完成度を高めようとする、継続的なプロセス（プロトタイピング : prototyping）が用いられていることである。

もうひとつは、ユーザーを中心としたデザインプロセスである。ユーザーを注意深く観察して現状の問題点を抽出し、それを解決するためのアイデアを提案する。ここで出たアイデアに対して、ユーザーによる評価を行い、新たに見つかった問題点をもとに改良を繰り返していく。そこでは常に、操作に関わる情報をユーザーがいかに把握し、その理解からどのように操作を行い目的を達成していくのか、ということを常にユーザーの視点から考察する必要がある。

このようなユーザー中心のデザインプロセスは、情報機器システムや製品のインタフェースデザインの根幹となる考え方である。コンピュータの登場によって高機能で便利なシステムや製品が世の中に溢れたため、ユーザーはその使い方を学ばなければならなくなったが、結果的には、システムや製品の使い方を理解できないたくさんのユーザーを生み出してしまった。

その反省から、道具としての本来のわかりやすさ、使いやすさをとり戻すために、人間を中心とする設計を推進する国際規格「ISO13407」が1999年に制定された。この正式名称は、「インタラクティブ・システムに対する人間中心設計（Human-centered design processes for interactive systems）」である。これは、システムや製品の使い勝手をユーザーの視点に立って、継続的に設計・構築することを求めており、最近の国際規格の特徴である。そのため、システムや製品をつくる組織に対しては、ユーザビリティ試験施設や関連部署・人員の配置、教育の実施などが求められる。なお、この規格は2010年にISO 9241-210としてISO 9241シリーズに統合された。

ISO 9241-210は、図1.6に示す反復的な開発サイクルを推奨している。この開発サイクルは、前述のインタフェースデザインのプロトタイピングの典型例である。プロトタイピングとは、まずユーザーは目標を達成するために、頭の中

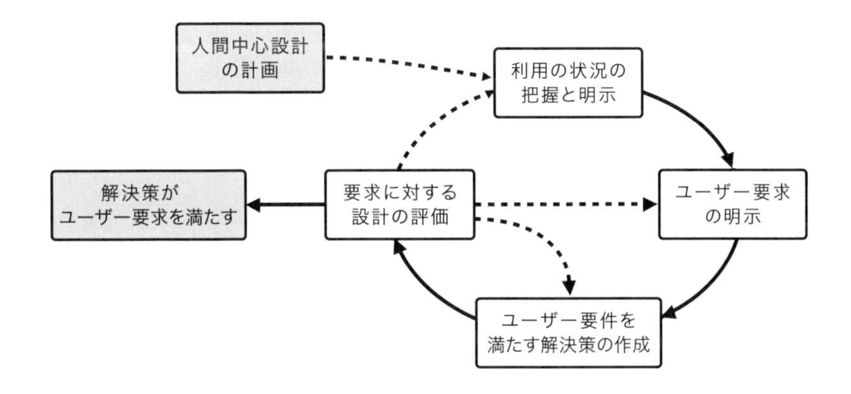

図1.6　ISO 9241-210における反復的な開発サイクル

で製品の操作手順を展開し実行し、その処理が終わると、その結果を認知して、それがはじめの目標と一致しているかどうかを評価するという考え方である。これを実現するための開発プロセスがこの図である。

ここで、図 1.6 の反復的な開発サイクルと 3 段階の開発プロセスを対応させてみる。「ユーザー要求の明示」が情報のデザイン、「ユーザー要求を満たす解決策の作成」が対話のデザインと表現のデザインに相当する。「要求に対する設計の評価」がユーザビリティ評価である。その評価を満たさないものは、情報のデザイン、対話のデザイン、表現のデザインのいずれかの段階に戻り再検討され解決案が作成される。なお、「利用の状況の把握と明示」は情報のデザインを策定するための前提条件となる。

このように、インタフェースをデザインするにはユーザー中心のデザインプロセスが求められる。そのためには、ユーザーである人間の認知と記憶についての知識が必要になる。次章では人間の認知と記憶に関する種々の知見からデザインに応用できる内容を紹介する。

2

人間の認知と記憶

2.1 認知のプロセス

インタフェースデザインを設計するにあたって避けて通れないのが、人間がどのように物事を認知し、理解しているかを知ることである。もちやすい製品の形状や回しやすいオーディオアンプのボタンと回転ノブのレイアウトなどは、身体的な使いやすさであるため、デザイナーが自ら制作したプロトタイプ（試作）による試行錯誤で、そのデザインを考案できる。今までは身体的な使いやすさに関して、設計をするデザイナーとそれを使うユーザーとでは大きな違いがあると考えられていなかった。

一方、人間の認知となると、デザイナーの頭の中の認知とユーザーの認知とが違っていることは十分に考えられる。たとえば、自分が見ている信号機の青色がほかの人もまったく同じ青色であるという保証はない。したがって、デザインをする際には心理学者が考えてきた人間の認知に関する知見が必要である。ここではデザイナーにとって有益な知識について整理して紹介する。

心理学からみた視覚

まず、心理学の分野で研究が進んでいる「見る」ことから考える[6]。図 2.1 に知覚から認知への過程を示す。この「見る」というプロセスは、五感からの情報が中枢神経系を経て感じたことを示す「感覚」、その届いた情報から物事を認識する「知覚」、そして、知覚したものに記憶や推論などの思考過程を含んだものである「認知」を経過して獲得される。このプロセスからわかるように、認知の段階になるとはじめの感覚情報が修正されている。問題となるのがこの修正である。皆が同じように修正されるのなら問題はないが、個人によって、また、集団によって異なることは十分想定される。とくに、違いを生じさせる可能性が高いのが記憶である。

他方、解剖学的な眼球の構造から「見る」を考えると、目の網膜に映ったものは鏡のように実際の向きとは逆になるので、脳の中で網膜映像を反転（実際には上下も反転）させている。また、人間の視力は中心から外側に向けて著しく減衰するため、周辺の視野部分は少し前に見た記憶映像を貼り付けているといわれる（図2.2）。実際に見たそのままの映像だと、素人が撮影したビデオカメラの映像のように船酔いをしてしまう。中心部の視野以外を記憶にしておくと画像の処理が簡素化されるので、危険を伴う変化などにも迅速に対応できる。また認知負荷が少ないので疲れにくい。つまり、眼球の構造から、人間はものをありのままに見ていないのである。この中心部の視野の考え方を応用した例に、ウインドウやアプリケーションの操作命令を格納している画面の周囲に配置している「メニューバー」や「ツールバー」

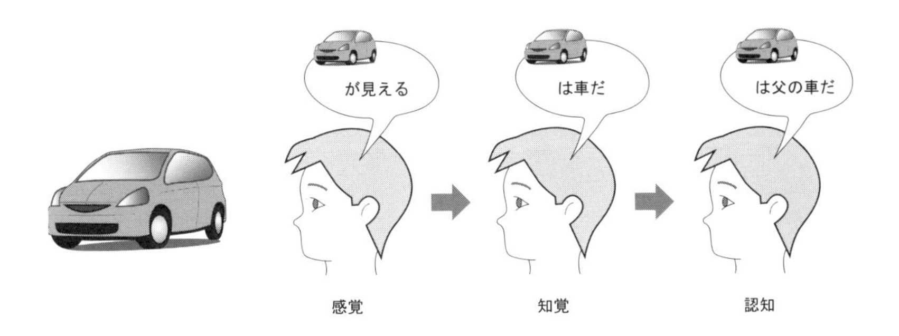

図 2.1　知覚から認知への過程

図 2.2　視野の範囲

中心部を凝視すると周辺部がぼけて見える。そのため、周辺部の文字を図のように大きくしないと文字を認識できない。

などがある。この領域は記憶のため作業の邪魔にならない。

次に、錯視や奥のものが手前に見える「恒常視」という現象でもわかるように、感覚からの情報は脳で処理されるとき、その情報が改ざんされる。加えて、図 2.3 に示す多義図形（何か一つものを意識すると［図］、そのほかのものは背景［地］と感じる性質）や反転図形の例が示すように、どのように見るかは人間の意志によっても変わる。さらに、岩や雲などのような複雑な形の場合、既知の形に当てはめようとする見方は記憶に影響される。このように、人間の脳（頭）の中で見ているものは実際に目で見ているものとは異なる。

記憶に影響される有名な心理学の例に図 2.4 の「THE CAT」（その猫）がある。左右の 3 文字の英単語の中央の形状はまったく同じである。それにもかかわらず人間はこれを違う文字と認識する。この例から、高次の認識には知識と推測が必要であり、文脈によって同じ情報の解釈は変化することがわかる。したがって、デザ

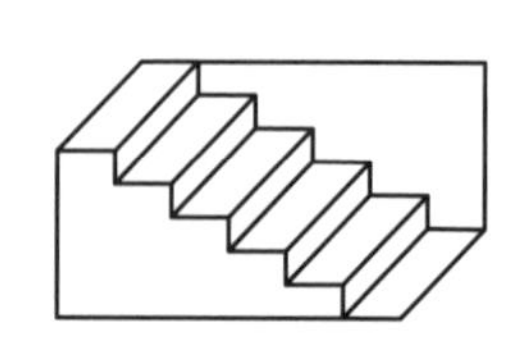

図 2.3 多義図形（左）と反転図形（右 2 つ）

図 2.4 前後の文字や文脈の中で認識が変わる例

図 2.5　類同・近接・閉合のゲシュタルト要因とリモコン例

インにおいても適切な文脈を与え正しく理解してもらう工夫が必要である。

最近の脳科学研究の進展から、錯視などの起こる原因が少しずつあきらかになってきている。コンピュータの画像処理は全点検索を実施するので情報処理にかなりの時間を必要とする。一方人間の場合は、錯視などの間違いが発生しても、速い処理を優先すること（危険回避も含む）や少ない計算量を優先するというメカニズムであるといわれている。正確でない手書きの四角や丸などをすべて四角や丸と見てしまうゲシュタルト心理も、その方が計算量や記憶量が少なくてすむからである。これは、情報処理を節約することで脳の負荷を最小にしようとする働きである。

したがって、脳の負荷をより低減させるデザインが見やすくて、わかりやすいことに結びつく。たとえば、ゲシュタルト要因のよい形態の法則（プレグナンツの法則）とよばれている規則性や簡潔さ、対称性、類同・近接・閉合の要因（図 2.5）などは、このことを示すよい例である。また、記憶を想起する形やパターン、レイアウトなども挙げられる。操作の一貫性や以前使ったものと同じ使い方だとわかりやすいといったことも、記憶と関係する。つまり、記憶にもとづいてすぐに認知できるの

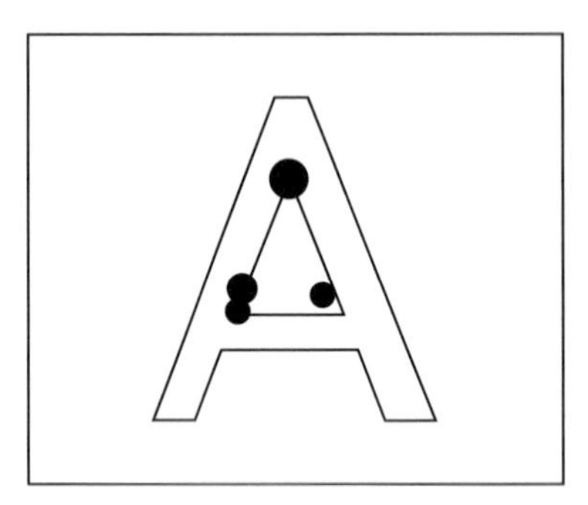

(a) 2秒間の観察結果

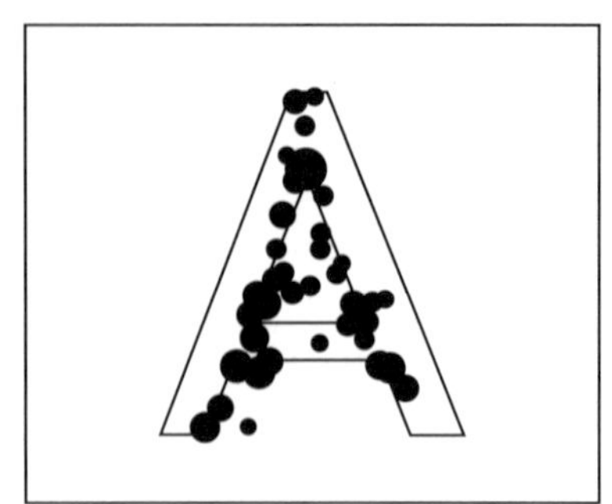

(b) 15秒間の観察結果

図 2.6 複雑なところに集まる注視点

で、それらは脳の負荷の低減に寄与していることになる。なお、図 2.5 の右側に示すように、これらはリモコンや操作パネルなどのボタンのレイアウトに多用されている。

このような心理学的な考え方からインタフェースデザインに焦点を当てて考えると、情報量が高い複雑さのあるものや、過去の記憶にない未知のものに人間の注意が集まる（図 2.6）。したがって、警告の表示や音などの注意を人に喚起させるときに活用できる。インタフェースデザインで、ユーザーによく見てもらいたい箇所があるときは、この考え方を利用するのは有効である。とくに注意して入力しなくてはならないような操作画面では、これまでの一貫性のある画面でなく、特別な画面にするなどの工夫も考えられる。

多義図形や反転図形の例が示すように、見方を決めることの方が、見方が定まらないことよりも脳の負荷が少ないことは容易に理解できる。したがって、インタフェースデザインのデザイナーが、このように操作して欲しいという意図を、コンセプトやボタンのレイアウト、操作手順の画面の遷移図に反映すればわかりやすくなる。つまり、コンセプトなどでユーザーの見方を指定してしまうのである。

脳科学からみた視覚

次に、認知について、視覚の仕組みを研究している脳科学[7]から考える。図2.7に視覚系の情報処理の流れを示す。目から入った情報は、脳の奥にある視床で中継され、後頭部にある第一次視覚野（V1）に送られる。ここでは視覚情報から、最初に感じられる「色」「形」「動き」に関する基本的な情報が抽出される。V1で処理された情報は、V1の前方にある第二次視覚野（V2）でより立体的な視覚認知が行われ、さらに前方の視覚野へと情報が送られていく。このようにして奥行きや距離、色、運動、位置関係などを把握するためのより高次の情報処理が行われ、どこに、何があるのかが認知される。

この知見は、最近のインタフェースデザインが形と色による平面的なデザインから動く立体的なアイコンになったとき、それに対してユーザーがわかりやすくなったと感じていることとよく符合する。これは認知が複雑になったと思われていた動く立体的なアイコンが、実際にはそうではなく、脳の構造にとっては自然なもので無理がない。つまり、脳の構造から運動と立体視が受け入れやすいため、脳の負荷の低減に寄与したと考えてもよいであろう。

以上をまとめると、人間が脳で見て感じているものは実際に見ているありのままの

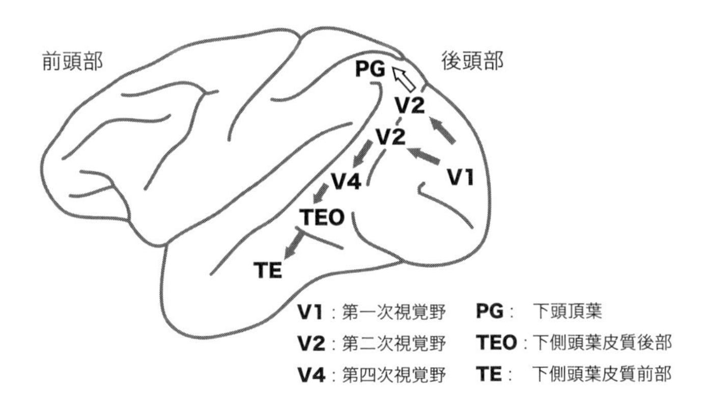

図2.7　視覚系の情報処理の流れ

ものではない。たとえば、脳が引き起こす錯視や多義図形、反転図形がある。どのように見るかは人間の意志によって変わる。また、知っている形に見えてしまう現象があるように、見え方は記憶に影響される。これらはいずれも、負荷を最小にしようとする脳の働きによるもので、インタフェースデザインを設計する際はこの脳の特性をうまく利用するとよい。

触　覚

ここまで、視覚による認知について述べてきた。一方で最近は、たとえばiPhoneに採用されたマルチタッチの触覚に関するインタフェースも普及してきている。それは、皮膚感覚と深部感覚である自己受容感覚から構成されている「触運動知覚」の考え方をもとにしている[8]。まったく手指を動かさないで手や指が何かに触れただけでは、その物の表面の様子や形はほんのわずかしかわからない。しかし能動的に身のまわりの対象に触れ、さまざまに手指を動かすことで対象をより正確に認知することができる。この触運動知覚の知覚過程において能動性は非常に重要である。

触運動知覚では、ふつう手指による探索、すなわち手指の運動が前提となる。この探索運動は、触対象の特徴をとらえようとする手指の目的にかなう運動である。iPhoneのマルチタッチは、触対象が画面の中の仮想的なものであるが、指の運動と連動して画面内の仮想対象が動くことで、触運動知覚を生じさせている。この知覚をインタフェースに取り入れたところに高い新規性がある。

なお、皮膚感覚は、触覚・圧覚と温度感覚（温覚・冷覚）、痛覚で構成されている。また、自己受容感覚は皮膚感覚や視覚からは独立した感覚である。これがあることで私たちは、視覚を使わなくても、自分の身体各部の位置や動き、運動の方向、四肢にかかる力や重さを知ることができる。さらに食事や簡単な機械を操作、おもちゃで遊ぶことなどの多くの手作業が可能になる。これは、第5章で説明する「アフォーダンス」とも関係する。

2.2 記憶とインタフェース

記憶における3つの段階

視覚や聴覚から情報が入り、人間の脳に長期に記憶されるまでには3つの段階がある[9]。まず、目や耳を通じて入力されたものは、「感覚記憶」としてほんの少しの間だけ保持される。視覚では1秒弱、聴覚では約4秒間と短い。アニメやテレビ放送、音楽はこの視聴覚の感覚記憶を利用している。

次に、すぐに消える感覚記憶の中で注意が向けられたものが「短期記憶」として保持される。これは約18秒程度で記憶できる容量のものである。人間は情報を「かたまり」（チャンク）にして記憶する傾向がある。これはアメリカの認知心理学者ジョージ・ミラー（George Miller）の提唱した概念で、たとえば「でんげん」を平仮名4文字として知覚すると4チャンク、「電」と「源」では2チャンク、「電源」と理解すると1チャンクとなる。人間が一度に覚えられる最大チャンクの数は「7±2」チャンクとされる（この値をマジカルナンバーとよぶ）。ただし、複数のチャンクをグループにして、より大きな1つのチャンクにまとめることで、知覚・記憶する情報量を増やすことができる（これをチャンキングとよぶ）。複雑な内容をわかりやすく伝達するためには、情報を整理して、チャンク数を7〜5以下にすることが効果的である。

この知見は電話番号の表記で応用されている。「0335123256」（丸善出版）をそのまま覚えるのは難しいが、「03-3512-3256」の3つのチャンクに分解すると覚えやすい。インタフェースデザインの例では、操作パネルのボタンを等間隔に並べるよりも、機能別のチャンクとして配置すると操作性が向上するので多用されている。また電卓のテンキー配列などでも応用されている。図2.5右側に示すように、テンキー配列は「3×4」の中に収まっている。ゲーム機のコントローラーも「○×△□」

か「ABXY」などの4つのキーと4つのカーソルキーの操作になっている[10]。

感覚記憶と短期記憶は注意が向けられたところをそのままに記憶するだけであるが、次の段階の長期記憶になると、コード化（符号化）されて記憶されるといわれている。逆に、コード化されてはじめて、いつでも思い出せる長期の記憶になる。ただ、どのようにコード化されているかは仮説の域をでていない。長期記憶は、新しい経験を受け入れそれを覚え込むときに、その内容とともに手掛かりも覚えている。たとえば、その手掛かりを見たときに、急に過去の出来事を思い出すというような体験は誰でもある。つまり、その手掛かりと内容を覚え込むときに一緒に符号化されているという説である。それは「符号化特定性原理」とよばれている。

なお、この手掛かりなしに思い出すことを「再生」、選択肢のような手掛かりを与えて思い出すことを「再認」とよぶ。実験結果から再認の方が思い出しやすいことがわかっている。インタフェースデザインでも、再認の考え方を有効に利用したい。つまり、手掛かりをデザインするのである。グラフィカルユーザーインタフェースは、プログラムの内容を手掛かりとなる図や絵にしてわかりやすく表現したアイコンなどを用いた再認型のインタフェース（第6章の図6.4）である。

2つの長期記憶

長期記憶は、命題形式で表記される「宣言的記憶」と半自動的に思い出される「手続き的記憶」に大別される。また、宣言的記憶には「意味記憶」と「エピソード記憶」がある。

意味記憶とは一般的な概念として構造化されている記憶である。真偽を問える記憶でもある。たとえば、「キュリー婦人はエックス線を発見した」というように客観的な知識やエックス線などの概念に関する知識である。近年、オントロジーとして意味記憶の研究が人工知能分野で進展している。なお、宣言的記憶は自然言語とは異なる形式で表記されていると言われている。

エピソード記憶は個人が体験した出来事の記憶で、時間と空間が特定して保持されている。一般的な思い出がこれにあたる。エピソード記憶にはおもしろい現象がある。それは、ある事柄の前または後での体験が互いに影響しあって、記憶が曖昧になる「干渉」である。前の体験が後の体験に影響を与えるのが「順行干渉」で、その逆が「逆行干渉」である。たとえば、犯罪の目撃者が容疑者の写真を見ることで、本当の犯人と容疑者とを入れ替えて誤認識する場合である。インタフェースデザインでは、過去の操作体験が現在使用している機器の操作に影響を与えて、うまく使えないという現象である。一般的には、人々の過去の操作体験から、似たような製品を問題なく操作できるのも、この順行干渉が貢献している。

図 2.8 に示すように、「手続き的記憶」には古典的条件付けや技能学習、知覚・運動学習がある。その例として、何度も繰り返し練習して指先が自然に覚えたピアノの演奏や、全身による車の運転やスポーツの技能などが挙げられる。車の運転の場合、初心者のときは宣言的記憶であるが、ベテラン運転手になると運転操作を意識しない手続き的記憶になると考えられる。この記憶は、第 3 章で解説するインタフェースのモデルであるラスムッセンの行為の 3 段階モデルにおける技能ベースの行為や佐伯胖の二重接面理論の身体化とも関連する。

また、手続き的記憶の中でインタフェースに示唆を与えてくれるのが「プライミン

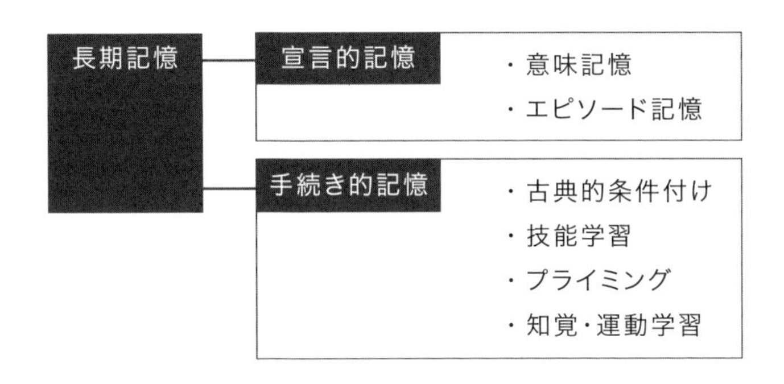

図 2.8　2 種類の長期記憶

グ効果」である。これは、あらかじめある事柄を見聞きしておくと、別の事柄が覚えやすく、また思い出しやすくなる効果である。たとえば、車の話をしておけば、同じ赤という言葉から「信号」や「スポーツカー」が連想されやすくなる。こうした効果が生じるのは、単語や概念が互いにネットワークを形成しているためだと考えられる。とくに、操作用語ではこのネットワークを形成している用語を調査して使用すると、操作用語のわかりやすさに貢献する。

記憶のモデル化

ところで、長期記憶された個々の内容は独立でなく、相互に関係付けられて記憶されていると言われている。そのいくつかの説について考える。まず、古くからある有名な「シェマ」とよばれる考え方がある。人は目の前にある出来事を理解するのに知識を用いている。その知識は、複数の概念が複雑に関係づけられた構造をもち、それは「スキーマ」とよばれる。そのスキーマのひとつに、発達心理学者のジャン・ピアジェ（Jean Piaget）の提唱したシェマがある。

シェマは、類似した活動の中で共通する操作や行動パターンの知識である。つまり、人間は過去の体験や獲得した知識を事実そのままに記憶するのではなく、一般化し意味づけして体系化した知識として記憶するという考え方である。この考え方では、新たな記憶に対して、すでにもっているシェマを適用するという「同化」や、環境の変化に応じて自己のシェマを変化させる「調節」という視点もある。

さらに、人工知能研究が進展してくると、記憶モデルの考え方である「フレーム理論」や「スクリプト理論」などが登場してくる。これらの理論では、記憶とは意味ネットワークが構造化したものと捉え、その構造がどのような形式になっているかを理論化したものである。フレーム理論は、上位と下位の因果関係の視点から構造化している。一方スクリプト理論は、日常的な行為の記憶は因果関係から推論するのは負荷が高いので、将来の類似の場面に遭遇したときに対応できるように、一連の行為を正しい順序で行うことができるようにするための記憶と言わ

名　　称：	ハンバーガ店
道　　具：	メニュー、料理、勘定書、金銭
登場人物：	客、受付係、料理人、経営者
参加条件：	客が空腹、客が金銭を所有
結　　果：	客の金銭が減る、経営者が儲ける、客は空腹でない
行　　動：	客がお店に入る
	客が受付カウンターに行く
	客がメニューを見る
	・・・
	受付係から料理人が注文を受ける
	・・・
	客が受付係から料理を受け取る
	客がお店を出る

図 2.9　スクリプトの例

れている（図 2.9）。つまり、エピソード記憶のモデル化である。

コンピュータと人間の脳の違い

コンピュータと人間の脳のどこが違うかというと [11]、図 2.10 に示すように、一般的なコンピュータの目的は、外部からの入力情報を受けて、人がコンピュータにあらかじめ与えたアルゴリズム（記憶）に従って処理された結果を出力することである。

一方、脳の目的はアルゴリズム獲得である。したがって、出力することは脳がアルゴリズムを獲得するための手段となる。この例として、子どもや若い人がはじめての機器を試行錯誤して操作を繰り返しているうちに、使い方を理解してしまうことが挙げられる。試行錯誤して間違った操作（出力）が入力となって、操作方法を学習して行くというプロセスである。この学習アルゴリズムの特徴は出力依存性である。このことから、少ない試行錯誤（学習）でインタフェースのアルゴリズ

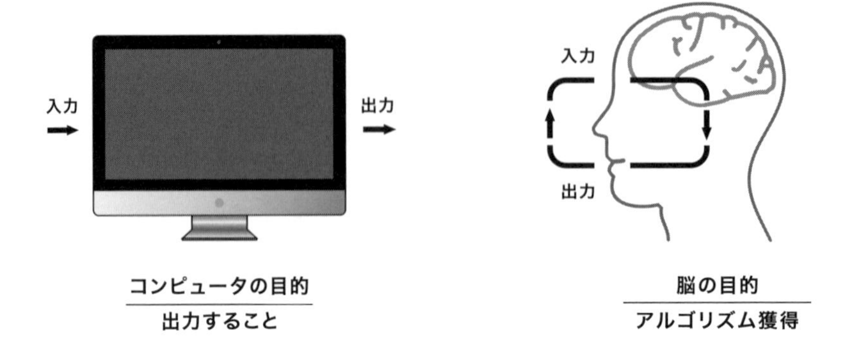

図 2.10 コンピュータと人間の脳の違い

ム（操作方法）を容易に獲得できるインタフェースデザインが求められる。

しかし、単純にアルゴリズム獲得が容易なインタフェースデザインがよいかというと、そうでもない。子どもや若い人は過去の操作記憶がほとんどないので、新たなアルゴリズム獲得を得意とする。一方、高齢者は、過去の使用した体験の操作記憶（アルゴリズム）にもとづいて操作を行おうとする傾向がある。操作記憶が新たなアルゴリズムの獲得を邪魔するのである。

したがって、高齢者をユーザーとした際は、その過去の多くの操作記憶を分析・考察して、その結果を反映したインタフェースデザインを行う必要がある。もちろん、これは高齢者に限ったことでなく、機器の操作が苦手なユーザーにも当てはまる。

ところで、人間の脳は自律的にアルゴリズムを獲得するのが特徴と述べたが、これをプログラム的に実現したのが人工知能で用いられている深層学習である。人間と接するシステム側は、ユーザーである人間の操作行動を学習して、先回りして操作を代行することが可能になる。つまり、日本語の「おもてなし」である。具体的には「～しましょうか？」「～はどうですか？」というコンシェルジュのインタフェースデザインが生まれる。

2.3 インタフェースの階層関係

人間工学の研究者である野呂影勇は、図 2.11 に示す 3 つのインタフェースレベル（最下位の生理的インタフェースは省略）があると述べている[12]。この図から「もちやすい」、「押しやすい」といったことは物理的インタフェース、「覚えやすい」、「理解しやすい」に関係するのが認知的インタフェースとなる。

見るというプロセスは、五感からの情報が中枢神経系を経て感じたことを示す感覚から、その届いた情報から物事を認識する知覚、そして、知覚したものに記憶や推論などの思考過程を含んだものである認知へと進むと述べた。このプロセスから「物理的インタフェース」とは、「見やすい」、「押しやすい」、「聞きやすい」などの認知の前の知覚レベルの評価項目をもつインタフェースである。これらの評価項目が向上すると疲労度や負担度の軽減を促して、使っていて疲れないインタフェースが実現する。このことからわかるように、物理的インタフェースに関しては、筋肉負荷の状況を計測できる筋電図などの生理的な測定装置や調査用モックアップなどを用いて、もちやすさや押しやすさなどを定量的に求めることができる。

評価項目が明確になっていることが、インタフェースの認知精度や認知速度の向上を促して、使っていて間違えないインタフェースが実現する。「認知的インタフェース」は記憶や推論などの思考過程が関係するので、脳波などの生理的な測定装置を用いて求めることは、今日でもかなり技術的に難しい。

しかし、デザインの現場では、時間的な余裕がない限り、生理的な測定装置は用いない。もっぱら簡便で迅速な被験者に対する観察やアンケート調査が用いられている。その調査方法については次章以降で詳しく述べる。

図 2.11 では、前述の 2 つのインタフェースに加えて、「感性的インタフェース」が紹介されている。これは現在、世界的に注目されているインタフェースである。その解のひとつに、ユーザビリティ研究の巨匠であるドナルド・ノーマンが提唱す

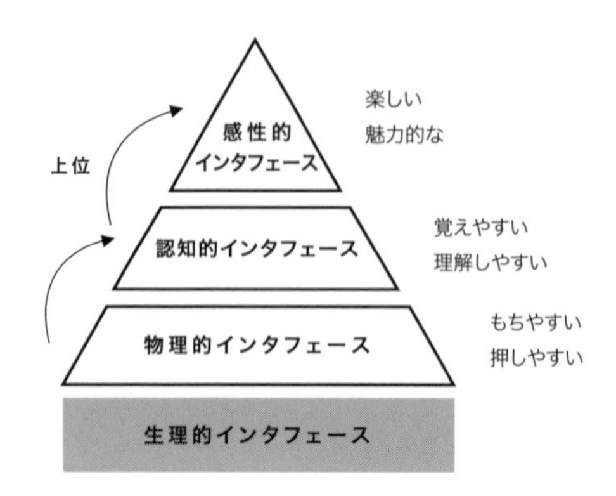

図 2.11 インタフェースの階層関係

るユーザーエクスペリエンスがある。ノーマンは、使いやすさはもちろん、製品によってもたらされる成果や使用感、使用中や使用後にユーザーの中に起こる感情などを含めた、ユーザーの体験すべてを「ユーザーエクスペリエンス」と命名して説明している。

さらに、ノーマンは『エモーショナル・デザイン』[13] で、使いやすさだけの視点ではよい製品はできない、よい製品には感情に訴える美しいデザインが必要だと述べている。彼はデザインには、本能レベル、行動レベル、内省レベルの 3 つのレベルがあり、エモーショナル・デザインは、内省レベルのデザインとして感情に訴えかけるものだとしている。感情と認知とは切り離すことができず、人間が判断を行なう際には、認知だけでなく感情が判断の重要な部分を担っていると述べている。

以上のように、本章ではインタフェースには 3 つの階層があることを示した。そこで、次章では認知心理学の知見に基づくインタフェースのモデルについて紹介する。また、感情に関するインタフェースについては、第 8 章と第 9 章で説明する。

3

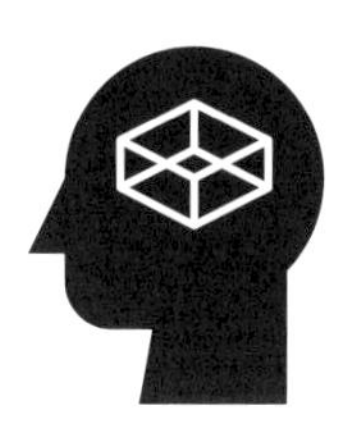

人間の認知モデル

INTERFACE DESIGN TEXTBOOK

3.1 3つの認知モデル

デザイナーはユーザーの頭の中をのぞくことができないため、ユーザーはどのように考えて製品やシステムを操作するのか、というインタフェースの認知的なモデルが必要となる。そこで、認知心理学の知見にそれを求めることになるが、その中でインタフェースと関係する有名な3つの認知モデルがある。それらは、カードの認知情報処理モデル、ノーマンのユーザー行為の7段階モデル、ラスムッセンの行為の3階層モデルである。これらを具体的に説明する。

認知情報処理モデル

そもそも認知心理学は、ウルリック・ナイサー（Ulric Neisser）が1967年に『認知心理学』を出版してから一般的になった。認知心理学は、コンピュータの発展に伴い盛んになった情報科学の考え方を心理学に取り入れた比較的若い学問である。認知は、知覚と理解、思考、学習、記憶、コミュニケーションなどと関係する。さらに、それが脳科学や神経心理学、情報科学、言語学などと関係すると認知科学とよばれている。コンピュータが認知心理学の誕生に貢献したように、認知心理学はコンピュータと関係の深いインタフェースデザインに大きな影響を与えている。その代表がヒューマンプロセッサ（human processor）ともよばれるカード（S.K.Card）の認知情報処理モデルである [14]。

認知情報処理モデルは、人間の知覚から認知、そして運動への3つのステップを、当時盛んになったコンピュータの情報処理プロセスとみなしてモデル化したものである。とくに、ユーザーの認知の時間的特性に注目した分析手法である。このモデルから、ユーザーがキーボードやディスプレイなどの入出力デバイスを利用する際の行動を定量的に予測し評価することが可能になった。図3.1に示すように、認知から行動へのプロセスを数式化し、行動時間を計算で予測可能にした功績は大きい。

このように、人間に感覚情報が入力され、それが知覚から認知へと処理され、運動系に対して出力指示がなされるという一連の流れをモデル化したものである。このモデルにより、人間の機能を情報処理装置の類比として考えることで人間行動を予測しようとした。しかし、情緒的な側面が入れられていないという課題がある。

このモデルは主に、計測機器や大規模な制御監視システムなどのインタフェースをデザインする際に適用されている。たとえば、操作時間を最小にするような計測機器の回転スイッチをデザイン（設計）するため、回転スイッチの物理特性が操作者の知覚（つまみが指示する目盛の読み取り）、認知（目盛と設定すべき目標値が一致しているかどうかの判定）、運動（スイッチを回す）の動作に与える影響を認知情報処理モデルの視点から分析した事例などがある [15]。

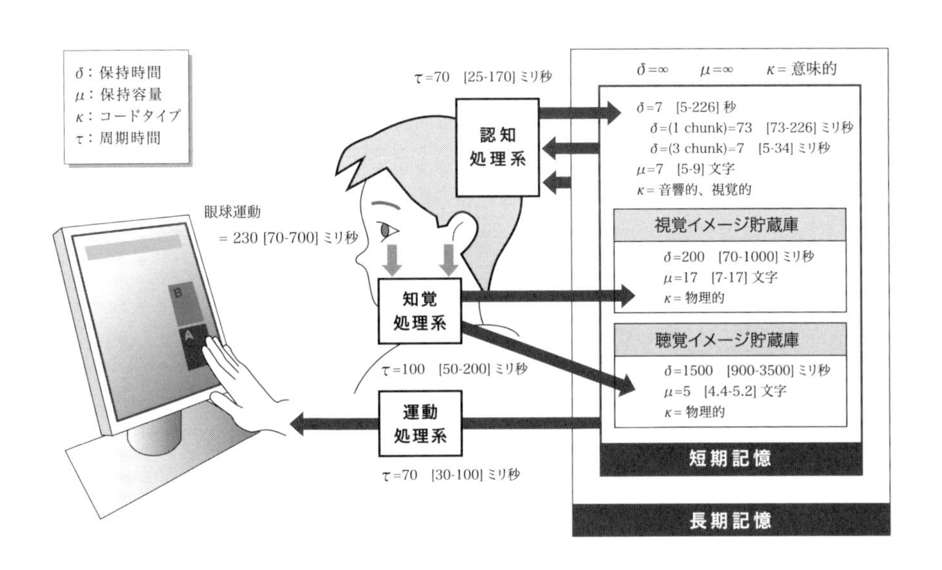

図 3.1　認知情報処理モデル

ユーザー行為の 7 段階モデル

認知心理学者のドナルド・ノーマンは、デザイナーの教科書としても有名な本である『誰のためのデザイン ?』[3] の中で、人間が何か操作行為を行う際のユーザー行為の 7 段階モデルを提示している。これは操作行為を、目標を実現する行動として捉えたサイクリック（何度も繰り返す）なモデルである。

このモデルの特徴は、ユーザーの世界と機械システムの世界には淵があるという考え方を用いている点である。具体的には、まず機械・システムを用いる動機は、「心理的」な何らかの目標や意図が存在し、その一方、それを実行するときには対象である「物理的」な世界に働きかける。つまり、目標を果たすために実行する時点と、実行結果が当初の目標を達成したかどうかを評価する時点で、「物理的世界」と「心理的世界」との間の大きな淵を越える必要があると述べている。そして、この淵の橋渡しをいかにして、人間に優しくすることができるかが、インタフェースデザインの主要なテーマとなる。

図 3.2 に示すように、ノーマンはその操作行為を 7 段階のプロセスに分け、2 つに大別している。ひとつは、ゴール（目標）を思いついたあとに起こる「意図の形成 : ゴールを達成するために何らかの行為を意図すること」→「行為の詳細化 : 実行しようと計画している実際の行為を系列化すること」→「行為の実行 : その行為系列を実際に実行すること」という、人が外界に対して行為を行う際の 3 つのプロセスである。

そしてもうひとつは、実際に行為を行ったあとに「外界の状況の知覚 : 行為によって外界の状況がどうなったかを知覚すること」→「外界の状況の解釈 : 予期（仮説）に基づいて外界の状況の変化の意味を解釈すること」→「結果の評価 : 行為によって起こると予期していたことに照らし合わせて解釈を評価、比較すること」という、外界からのフィードバックに対して人が自分の行為を評価するための 3 つのプロセスである。

7 段階のプロセスはユーザーが理解するまで、何度も繰り返すことになる。また、

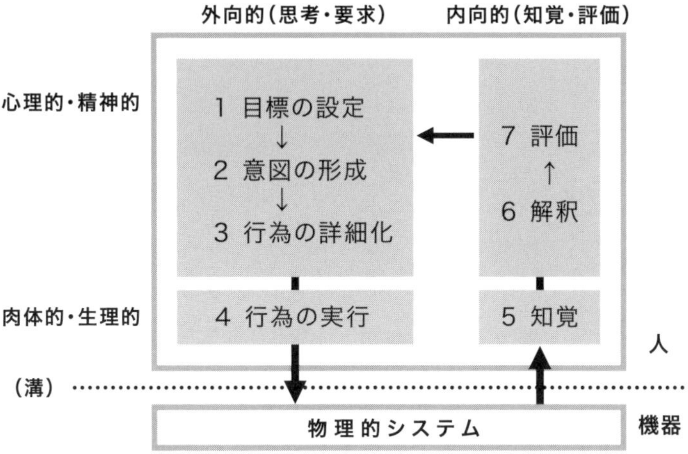

外向的（思考・要求）　内向的（知覚・評価）

心理的・精神的

1 目標の設定
↓
2 意図の形成
↓
3 行為の詳細化

7 評価
↑
6 解釈

肉体的・生理的

4 行為の実行

5 知覚

人

（溝）

物理的システム

機器

図 3.2　ユーザー行為の 7 段階モデル

このモデルの中には、一般的な人間行動モデルで有名な「計画（Plan）」→「実行（Do）」→「評価（Check）」→「改善（Action）」の PDCA 過程が含まれている。

このモデルの問題点としては、①それぞれの段階を明確に分離するのは困難である、②多くの行為はひとつの行為で完成するものではなく多数の行為系列がある、③活動しているうちにゴールが忘れられたり組み直されたりすることがある、④多くの日常場面ではゴールや意図は具体的に特定されていない、などの指摘がある。

しかし、製品の使いやすさを評価する際にはこのモデルが威力を発揮する。具体的には、被験者に製品に関係するタスク（例：写真を逆光で撮影してください）を課して操作してもらい、もし途中で操作がわからなくなったとき、被験者がどの段階でわからないか（例：操作の実行はできたが、結果が表示されても、そこから先に進めない→表示が見にくいため「知覚」、または内容がわかりにくいため「解釈」）を、この 7 段階をもとに聞き出すのに用いられている。これは第 6 章で解説するユーザビリティ評価では多用されている。インタフェースデザインの設計においては、ラピッドプロトタイプを被験者に評価してもらい、7段階をもとに問題箇所を抽出しそれを改善するのに用いられている。PDCA過程でいうところの「改善(Action)」である。

行為の3階層モデル

大規模プラントにおけるヒューマンエラーについての指導的な研究者で有名なジェンス・ラスムッセン（Jens Rasmussen）は人の行為を図3.3に示すような3階層に分けている。ノーマンの示したモデルは操作行為の接面の世界に注目したものであるが、行為のレベル（階層）という時間軸に注目したモデルがラスムッセンの行為の3階層モデル（SRKモデル）である。

彼はユーザーの行為を観察し、初めて挑戦することは難しいこと、慣れている行為は自然にできること、マニュアル通りの行為は中身を意識していないことなどの違いを考察した。その結果、それらの行為の特徴を最下位の階層から、① 技能ベース（Skill-based level）、② 規則ベース（Rule-based level）、③ 知識ベース（Knowledge-based level）の3つのレベルに分類した。このように、人がある行為をする際、意識の観点からその行為は自動化され、その自動化は3つの認知的階層に支配されるという[16]。

技能ベースの行為では、行為を始動させる信号（シグナル）が存在すると意識的な制御のない無意識の状態で自動的に目標まで進む。初期の段階では、刺激に含まれる情報の中から人間にとって重要な情報だけを取り出さなければならないが、行為の習熟が進むと最終的に直接的に行為と刺激（信号）とが結びつくようになる。つまり、勝手に手が動く状態である。

規則ベースの行為では、記憶の中の規則に従って実行しており「なぜそのようにするか」は意識していない。特定の目標を達成するために必要な規則を重ねて最終的な行為に到達する。つまり、システム全体を理解しているわけではないが、手順を覚えている状態である。

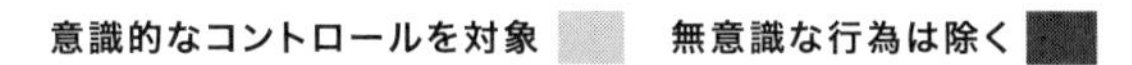

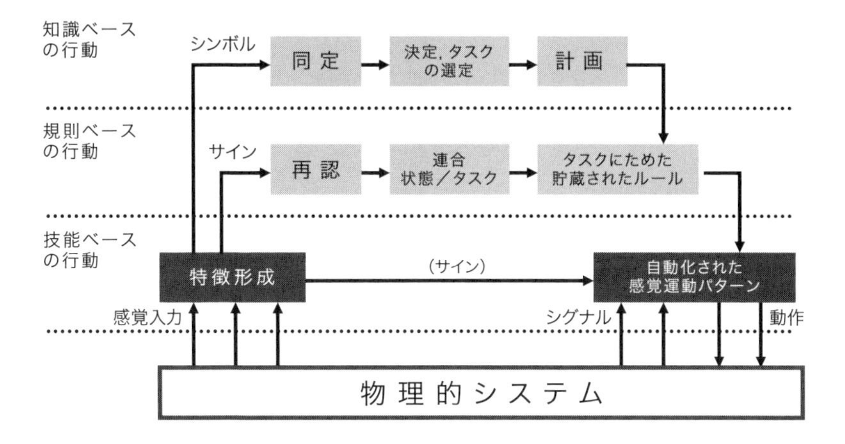

図 3.3　行為の 3 階層モデル

知識ベースの行為では、操作の対象や内容が曖昧であったり複雑すぎる場合、またなじみがないような場合は、ユーザーの中で積極的に概念モデル化する必要がある。具体的には、対象や内容を解釈して、対象としているシステムのモデルを積極的に構築したうえで問題を解決するための手段を計画する。

このモデルから、繰り返しの時間的経過によって、操作の習熟度が高くなると、行為のレベルが上位の知識ベースから下位に移る。そのため、操作が自動化されたショートカットキーなどが必要になってくることを示している。また、ユーザーの初心者と熟練者という 2 つの側面も示している。つまり、知識ベースの初心者にわかりやすいインタフェースは、技能や規則ベースの熟練者には操作しやすいインタフェースとはいえない。

この技能や規則ベースをコンセプトにした製品が 2001 年に発売されたアップルの iPod（携帯音楽プレイヤー）である（図 3.4 左）。はじめてこの製品を購入したユーザーは、電源ボタンがなく取扱説明書などもないため、その使い方を発見するの

図 3.4　携帯音楽プレイヤーとスマートフォンのインタフェース

に時間が必要である（発見する楽しみはあるが）。しかし、音楽を選んで再生するというわかりやすいメンタルモデル（p.43 参照）なので、一度その使用法を理解すると、その後は効率よく操作することができる。また、毎日使うものなので、技能や規則ベースの操作性の方がユーザーには快適である。しかし、日本企業の品質管理ではとても生み出すことが難しいコンセプトの製品である。

iPod について、見た感じが使いやすそうか、それとも実際に使用してみて使いやすいかの両側面からユーザビリティ評価を行った [17]。その結果、もっともシンプルなデザインの iPod が一番見た感じが使いやすそうだとの結果であった。他方、被験者に 3 種類のタスクを与えて使ってもらった後の評価では、使い方がすぐには理解できなかったので順位が下がった。この結果からも SRK モデルの内容が確認された。

ところで、ヒューマンエラーの専門家であるラスムッセンは SRK モデルを用いて、ベテラン（熟練者）が起こすエラーについて説明している。彼らは経験豊かなことから通常の操作はもちろん、異常事態にとるべき行動は熟知している。その操作は自動的にパターン化され、知識ベースや技能ベースのプロセスを経ずにそれらを迂回して迅速に処理できる。一方で、このことは無意識に自動的に操作するという側面があり、目的とまったく違う操作をしてしまう危険性もある。

3.2 二重接面理論とHMIの5側面

これまで説明した3つの認知モデルは、コンピュータの情報処理を模したモデル、人間の目標実現の行動を還元したモデル、操作の学習や習熟の視点からの頭の中の内的なモデルである。これらの内的なモデルに対して、インタフェースの操作環境や運用面からみた外的な2種類のモデルがある。

ひとつは人間と製品（システム）の接点である接面に着眼した佐伯胖の二重接面理論がある[18]。日本における認知心理学の第一人者である佐伯の理論は、操作している外側から観察した外的なモデルといえる。もうひとつはインタフェースを意味する「接点」をさらに拡張して、操作の環境や運用まで広げたヒューマン-マシン・インタフェース（HMI : Human Machine Interface）の5側面がある。

二重接面理論

二重接面理論では、どのような人工物のシステムも、図3.5に示す2つの接面があると述べている。

(1) 第1の接面は操作者とシステムとの接面（ハードウェア的側面）

(2) 第2の接面はシステムと外界との接面（ソフトウェア的側面）

この2つの接面は、道具が登場したときから分かれているが、人が道具を使い

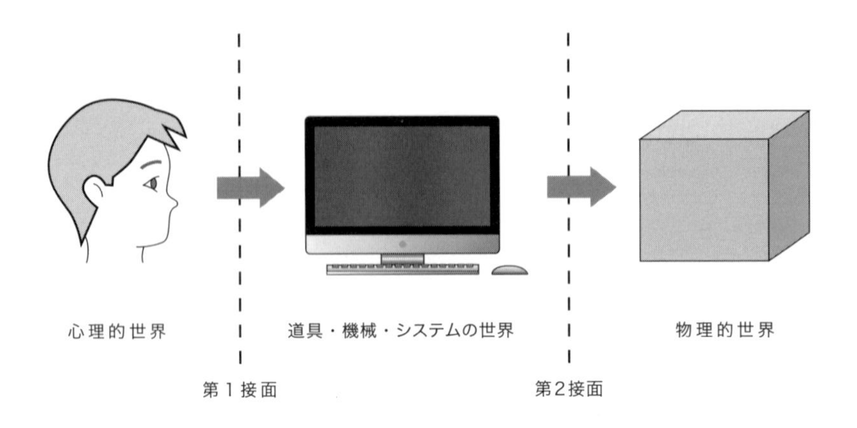

図 3.5 二重接面理論

こなすことができると、意識のうえではこの2つの接面が1つになる「身体化」が起こる。なお、この接面がインタフェースとなる。

たとえば、自動車の運転に慣れている人は、運転しているときにハンドルやアクセルをほとんど意識せずに道路の状況に注意が集中する。しかし、運転教習所に通い始めた人は、ハンドルやアクセル、ギアシフトなどの第1接面にどうしても意識が集まってしまう。やがて慣れてくると、接面の移動がはじまり、第1接面がひとつ先に移動して、次第に第2接面に意識が集中する。したがって、ベテランのタクシー運転手は、自動車が体の延長になっているという意識になってくる。つまり、体の一部のように運転するという感覚（身体化）である。

簡単なシステムや製品では、第2接面（道路状況）を直接的に知ることができるが、複雑なシステムになってくると、第1接面と第2接面の間の距離がかなり離れる。つまり、第2接面の状況がわからなくなってしまう。この場合、システムを通じて間接的にフィードバックされるだけになるので、外界がどのような状況なのかがほとんど理解できない状態になる。しかもこのフィードバック方法がシステム設計者に任されているので、それを使いこなすには、事前の訓練が必要となる。工場などにあるような複雑なシステムを操作する作業者には、長期間の訓練が求められるのはそのためである。

このフィードバック方法が設計者に任されている例として、異常事態が発生した場合を考えてみる。普通は警告音やエラー表示で操作者に通知するが、それは設計者の想定した範囲内のみである。それ以外の状況が発生した場合、通知自体が送られないこともあるので、操作者はどうすることもできない。このように第2接面が遠いために使いにくく、もしそれらを第1接面の操作者が把握できるならば、システムの使いやすさは飛躍的に向上する。したがって、設計者はこのことを十分に考慮しなくてはならない。

二重接面理論をパソコンの例で考えると、第1接面がマウスやキーボードのハードウェア的側面、第2接面が表示画面のデザインのソフトウェア的側面に対応する。ユーザーが第1接面で知覚できることは、キーボードのキー配列などの視覚情報、キーを押したときの位置感覚や指への反応、手の運動感覚、マウスから感じられる振動や音などである。他方、第2接面は、表示ディスプレイ内の各種の表示内容や、そこから発せられる音や音声、音楽、また画面の中の表示物の動きなどである。この接面内は、物理的な実体でなく、パソコンの中に描いた「仮想の世界」となる。

このように、第1接面と第2接面をどのようにして近づけるかがパソコンなどの情報機器をはじめとする多くのインタフェース研究の大きな課題である。アップルやマイクロソフトのウィンドウズに見られるような直接的な操作感覚の研究が、それを解決する考え方として登場している。その代表例が、第2接面を実際の作業デスクにたとえて、フォルダやファイル、ゴミ箱、鉛筆、消しゴムなどのアイコンを配置し、直接的な操作で相互作用を行うデスクトップメタファの概念である。最近では、メタファではなく、より本物の写真のような3次元表現のものも多く見られる。

第1接面と第2接面を擬似的にひとつに接するようにしたインタフェースが2008年に発売されたiPhoneのマルチタッチ方式（2点以上の多点検出）である（図3.4右）。

さらに、iPhone の画面デザインは本物に近いリアルな表現を採用しており、たとえば、実際に本のページを指でめくったり、二本指で地図や新聞などの拡大・縮小、スロットマシンのように縦に回転する数字の円盤を指で回転させて時間を設定したりと、触運動知覚を擬似的に感じさせるものになっている。その高い身体性と仮想空間を写真的表現にしたことから、ユーザーは使いやすいと感じている。

ヒューマン - マシン・インタフェースの 5 側面

インタフェースを 2 種類の接面だけでなく、使用される環境や運用まで広げて考えようとするものがヒューマン - マシン・インタフェース（HMI）の考え方である。その全体像を図 3.6 に示す。HMI は次の 5 つの側面から構成されている。

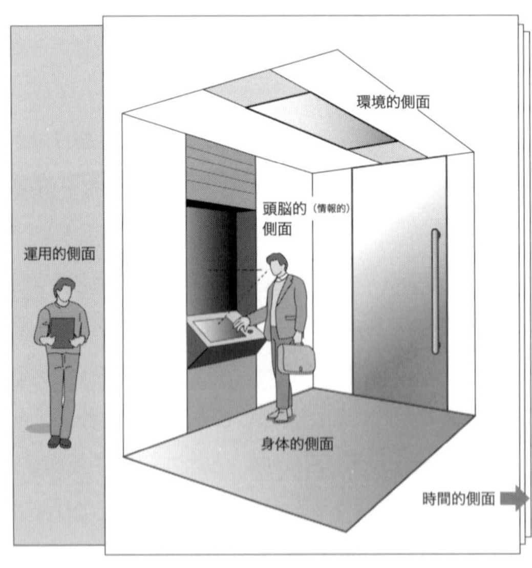

（1）身体的側面

位置関係　：操作部分の位置関係（高さ、奥行、傾斜）が適切か
力学的側面：操作するときの操作方向と操作力が適切か
接触面　　：操作する部分が身体にフィットしているか

（2）頭脳的（情報的）側面

操作イメージ：操作の手順がイメージに適合しているか
わかりやすさ：操作用語や手がかりがわかりやすいか
見やすさ　　：対象物の大きさ、明るさ、コントラストなどが適切か

（3）時間的側面

作業時間：作業に適した疲れない作業時間であるか
休憩時間：作業時間に対して休憩時間が適切か
反応時間：入力してから出力までの時間が適切か

（4）環境的側面

照　明：適度な照明が確保されているか
空　調：湿度や温度が最適であるか
その他：騒音や振動、臭気などが影響を及ぼしていないか

（5）運用的側面

組　織　：組織内での情報の流れやミッションが明瞭か
運　用　：管理運用基準による運用、資源管理やメンテナンスが適切か
人的要因：人間関係やモチベーションが適切か

図 3.6　ヒューマン - マシン・インタフェースの 5 側面

(1) 身体的側面：人と機械（システム）との身体面での適合性である。ATMの場合、操作部の高さや身体とのフィット感などが該当する。

(2) 頭脳的（情報的）側面：人間と機械との情報面のやりとりに関する適合性である。ATMの場合、ユーザーに提示する情報がわかりやすく、見やすさなどに関する事柄である。

(3) 時間的側面：作業時間、休息時間、機械の反応時間などの時間面での適合性である。とくに、疲労の問題に大きくかかわる。

(4) 環境的側面：環境面での適合性であり、気候（温度、湿度、気流など）、照明、空調、騒音、振動、臭気などが関係する。

(5) 運用的側面：HMIをうまく運用するための側面である。今日の複雑になり巨大化したシステムにとって、この運用的側面が安全性、サービスなどの点で重要な要素となっている。

これらの項目からわかるように、身体的側面は物理的なインタフェースで、頭脳的（情報的）側面は認知的なインタフェースに相当する。時間的側面では、たとえば、手でもちながら操作するiPadなどのタブレット端末などを長時間支えても疲れにくいデザインにすること、そして環境的側面では、昼間の屋外ではその表示画面を明るくすることなどである。運用的側面では、カーナビでは走行中に表示される選択ボタンを少なくするなどのデザイン的な配慮が実際には行われている。大きなシステムでの運用的側面では、たとえば、飛行機を運航させるにはパイロットがコクピットの前で操縦するだけでは不十分である。飛行機というシステムを円滑に運航させるには、機関士や客室乗務員とのコミュニケーション、人間関係や航空管制官との情報のやりとりなども求められる。

このように、HMIの5側面は製品のインタフェースを全体的なシステムやサービスという視点からデザインしようとするときに有効である。主にシステム工学の視点からインタフェースデザインの研究をしている山岡俊樹はこの分類を5ポイントタスク分析に応用して、インタフェースデザインのユーザー要求項目を求めている。具体的には表3.1に示すように、縦方向はユーザーの行動の各段階におけるタスク

表 3.1　5 ポイントタスク分析の例

シーン： エレベータで目的の階まで行く						解決策	
タスク	身体的側面	頭脳的側面	時間的側面	環境的側面	運用的側面	現実案	未来案
① エレベータを探す		一目でエレベータの場所が分かるように表示位置を工夫する		エレベータホールの照度を若干明るくする	お客様に聞かれても直ぐに対応できるようにする	スマートフォンにエレベータ位置を表示する	
② エレベータ呼び出しボタンを探して押す	押しやすいボタンやその高さを考える 車椅子使用者ほか多様なユーザーに対応できること	ユーザーのメンタルモデルを考えて表示を検討する	ボタンを押したら直ぐに点灯する	ボタンの表示を判別できる照度を確保する	間違えたら、問い合わせができるようにする		エレベータドアの前に立つと自動的に呼び出しになる
・・・		・・・				・・・	
⑦ 目的階で降りる		到着を音や案内ガイドで知らせる					内側ドアに大きな階数が表示される

を、横方向は HMI の 5 側面と解決案を表記する。この表が示すように、開発担当者間の討議により、この両者で囲まれた空欄の中にそれぞれのユーザー要求項目を書き出す。そして、それらの要求項目をもとに、各タスクに関する解決案のアイデアを創出するという手順である。また、5 側面で問題を見つけて、その解決案（要求項目）を求める方法もある。なお、山岡は HMI の 5 側面以外の視点からもユーザー要求項目を求める方法も提案している。詳しくは参考文献 [18] にゆずる。

これまではユーザーの頭の中を考える内的なモデルとインタフェースの操作環境や運用面から見た外的なモデルをみてきた。次に紹介するメンタルモデルは内的なモデルと外的なモデルを組み合せたものである。これは製品の使いにくさは、ユーザーの内部だけではなく、外部に位置するデザイナーや設計者の内的なモデルとの相違に存在するという考え方である。

3.3　メンタルモデル

ユーザビリティ評価などのインタフェース関係の書籍を読むと、必ずメンタルモデルという言葉を目にする。メンタルモデルは使いやすさと深く関係しているので、企業のデザインの現場でも使用頻度の高い用語のひとつである。しかし、メンタルモデルという用語はよく使われているにも関わらず、その定義は定かでない。ノーマンやヤコブセンらも述べているが抽象的な説明で終始している。その中で、前述の山岡俊樹の実験と調査の研究結果から導きだされたメンタルモデルの解説は論理的でわかりやすい[19]。その内容をもとに、次に具体例を用いて説明する。

海外旅行をしていて、電車の切符を自動券売機で購入しようとしたときに、思い通りに切符を買うことができなかった経験をもつ旅行者は多い。お金の投入口を探したが見つからなかったり、駅窓口で購入するプリペイドカードしか対応していないこともある。最近では都内の電車も相互乗り入れが進み、複数ある中の、どの会社の路線を使って目的地に行くかを決めてから切符を購入する方式のものが多くなってきている。そのため、券売機の前で立ち往生している旅行者をよく見かける。

人は未知の状況において行動を起こす際、必ず「こうしたらこうなるはずだ」という予測（類推）を立てたうえで自身の行動を選択する。券売機の例では、これまでの使用経験から「まずお金を入れて、目的地までの料金のボタンを押す」といった類推のもとに操作する。簡潔に述べると、この操作のイメージがメンタルモデルと関係している。

2つのメンタルモデル要素

券売機の例では、最初の「お金を入れる」ところで、従来の操作イメージをもつそのユーザーのメンタルモデルと違っていたので、どう操作してよいかがわからず立ち往生したのである。操作を類推する場合、よく把握しているメンタルモデルをベースドメインとよぶ。それに対して、券売機の前で立ち往生している場合、その操作方法がよくわかっていないので、それをターゲットドメインと定義している。ユーザーは、ベースドメインである既知のメンタルモデルをターゲットドメインにうまく写像（マッピング）することで、操作を理解することができる。

ベースとターゲットの関係を考えるとき、①表面的（属性）類似性、②関係や構造の類似性、③目標の類似性、の視点から検討する。たとえば、水道の蛇口を考えると、ベースは古典的な回転式のつまみがあるスタイルである。ターゲットとして、つまみ式でなく、プッシュ式の場合、構造の類似性により結び付けられる。つまり、構造的に整合しているものが一対一に写像されるが属性は写像されないので、つまみ式の蛇口の構造が写像されて、プッシュ式の操作の属性に置き換わって操作が可能になる。

なお、最近のモダンなスタイルをもつ水道の蛇口は表面的類似性が写像されたものである。また、券売機の例では、複数の路線の指定という新しい構造が追加されたために、構造の一対一の写像ができなかった。このことがわかりにくさの原因と考えられる。空港などの公共施設でみられる自動感知の水道の蛇口も、つまみ式の構造が視覚的な実体がなくなったセンサーになったため、明確な構造の一対一の写像ができないので、最初はつまみ式に対応するものを探してしまう。ただ、一度使用すれば使い方は忘れず、また利便性が高い。このように、構造の一対一の写像ができない場合は、その手がかりを与える必要がある。

本書では、操作対象物に対するユーザーの「システム像」や「操作イメージ」をメンタルモデルと定義する。具体的には、システム像が「システムの構造」（structural model）、操作イメージが「操作手順」（functional model）である。システム像は「システムの構造や動き :How it works」、操作イメージは「システムの操作の手続き :How to use it」の意味である[20]。

システム像は、時間の経過を経て徐々に構築されるか、全体像を提示してトッ

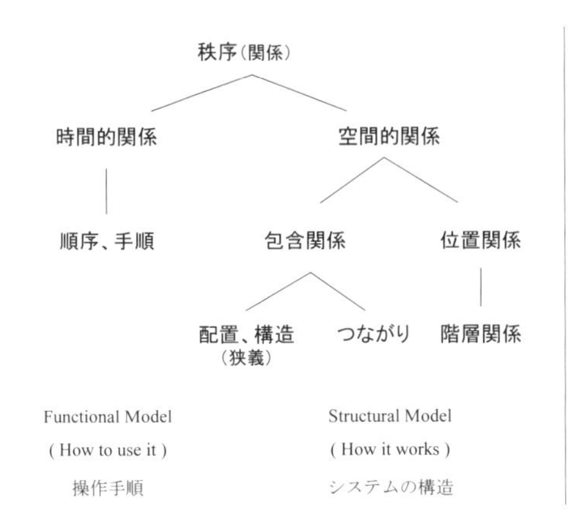

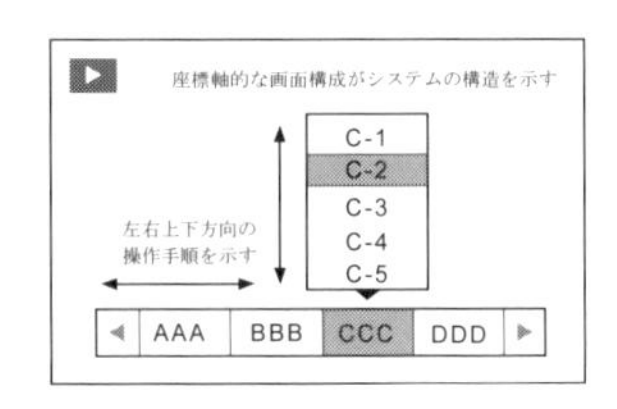

両者とも操作手順とシステムの構造を含む

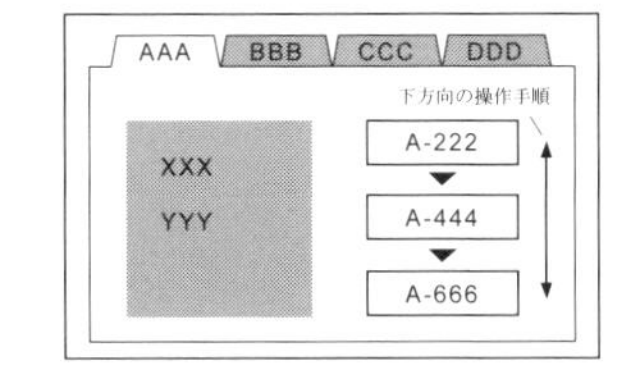

図 3.7　2 種類のメンタルモデル要素とその例

プダウン的に構築されるかのどちらかである。一方、操作イメージは、時系列的に操作しているうちにボトムアップ的に構築される。この両者を秩序関係から捉えると、図 3.7 の左側の階層図が示すように、システム像が空間的関係で操作イメージが時間的関係になる。なお、図 3.7 の右側の例からもわかるように、メンタルモデルの構築ではシステム像の方がより効率的といわれている。したがって、画面デザインでは操作イメージの操作手順とシステム像のシステムの構造の両方を用いて、ユーザーがすぐにメンタルモデルを構築できるようにしている。

設計論からみたメンタルモデル

一方、メンタルモデルを設計論の視点から考えると、デザイナーや設計者は、対象ユーザーの属性（知識、使用経験、年齢、性別など）をもとに、そのメンタルモデルを把握して、インタフェースデザインに反映する必要がある。もし、ユーザーがこのプロセスを経ていない製品を使用したとき、自身のもつメンタルモデルとは異

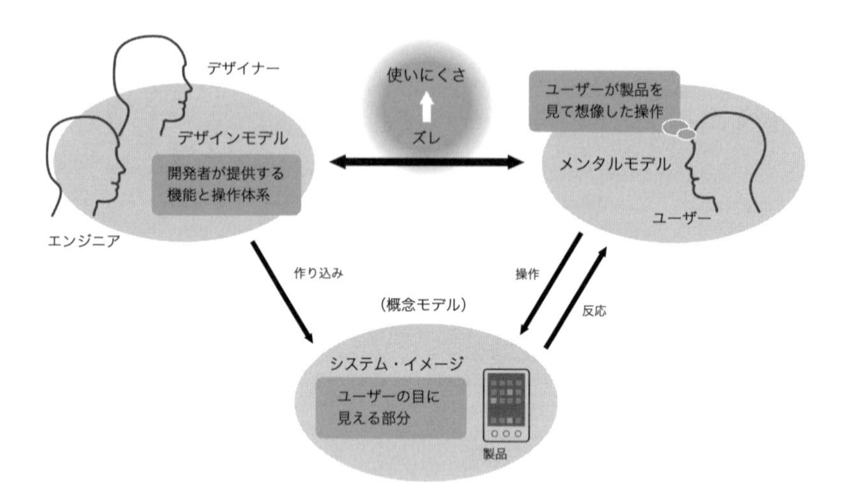

図 3.8　メンタルモデルデザインモデルの関係

なる可能性が高く、ユーザーはデザイナーの意図を理解できず、その製品を上手に使用することができないであろう。つまり、デザイナーとユーザーのメンタルモデルの不一致が使いにくさを引き起こす原因となる（図 3.8）。

設計する際は、既知のメンタルモデルに近いメンタルモデルを用いることが最良であるが、常に用いることのできる方法ではない。そこで、ユーザーがどこで間違えるかを、ノーマンのユーザー行為の 7 段階モデルを用いて、プロトタイピング手法によりあきらかにする。この方法はユーザビリティ評価とよばれ、企業では広く用いられている。

また、山岡・土井はメンタルモデルの構築度合いを推定する 5 項目を提案している（表 3.2）。この 5 項目からどの側面が弱いのか、その全体の構築度合いを把握することができる。そして、あきらかになった問題箇所を解決するために、システム像や操作イメージに関する手がかりやヒントとなるものをインタフェースデザインの中に組み込む。このことにより、曖昧だったユーザーのメンタルモデルが操作をしながら次第に明確になっていく。

この場合の最良のものは、一度使えば次からは問題なく使えるようになるインタフェースデザインのメンタルモデルである。つまり、操作手順であるメンタルモデルが、再び使うときに覚えなおさないで使える記憶性の高いものである。その例として、つまみがなくなった自動感知の水道の蛇口が挙げられる。このように、操作手順の数が少ないものは、記憶性の高いメンタルモデルとなる。

銀行のATM端末に代表される操作手順を誘導するものは、記憶性を必要としない。「…を選択してください」という案内メッセージに従って、提示された選択肢を選んでいくと操作が完了する。これはカスケード型（上から下に落ちる、連なった小さな滝という意味）のインタフェースとよばれ、とくに、使用頻度の低い公共的な画面デザインに多く採用されている。これはすぐに操作ができるので、記憶性よりも学習性の高いメンタルモデルのインタフェースといえる。

一方、これまでにないまったく新しい概念のインタフェースデザインでは、操作手順が少なくても操作がまったくできない場合が多くある。何度も苦労しながら操作をしているうちにメンタルモデルが構築されるが、iPhoneのマルチタッチのよう

表 3.2　メンタルモデルの構築度合いを推定する 5 項目と内容

項　目	内　容	対策例
表示の理解	機器やその画面に表示されている用語や内容を理解できる。	ユーザーの理解できるわかりやすい用語を使用する。
状況の理解	操作中、機器がどのような状態なのかを理解することができる。	各画面内に状況を知らせる手がかり情報他を提示する。
プランニング	操作目的を達成するために、自分が何をすべきかわかる。	システムの構造を把握できる情報を提示、または、ナビゲーション情報や手がかり情報を提示する。
システムの振舞予測	機器を操作する時、その機能の使い方やどういう操作をするか想定できる。	操作手順の概略を各操作画面に提示する。
システムの要素間の相互作用	機器のパーツ間の関係や画面の階層構造が理解できる。	システムの構造を把握できる情報を提示する。

に、従来の製品よりも操作手順が少なくなるだけでなく、使っていて楽しい要素があれば、そのメンタルモデルが構築される苦痛が緩和される。さらに、メンタルモデルを一回構築するとその後は楽しさだけが残るので、次の製品でも同じインタフェースデザインのものを購入するという循環が生まれる。

しかし、安全や省エネルギー、効率という社会的な視点を考慮しなくてはならない製品やシステムのメンタルモデルは統一化が求められる。自動車は安全運転が必須なので、メーカーが違っても基本的にはほぼ同じ操作方法である。また、事務用大型コピー機は、大量のコピー間違いが起きないように業界で操作方法の標準化が進められている。

4

操作用語による分類

INTERFACE DESIGN TEXTBOOK

4.1 インタフェースの3つのタイプ

インタフェースの操作方法を理解するにあたって、操作用語は非常に重要である。視覚的にわかりやすいといわれているGUIでも、どのように操作するかはグラフィックのアイコンやレイアウトデザインなどだけでは示すことはできない。ユーザーに操作方法を伝えるためには機能や操作の仕方を示す用語の助けが必要である。表記内容の禁止事項についてのガイドラインは存在するが、インタフェースデザインの設計論の視点から操作用語を考察した研究はほとんどない。

一方、第7章のインタフェースの技術動向で後述するように、視覚偏重のGUIから言葉や身振り、音声、表情などを含む人間的なインタフェースであるマルチモーダルインタフェースの時代になってきている。この流れに伴い、アイコンなどの図記

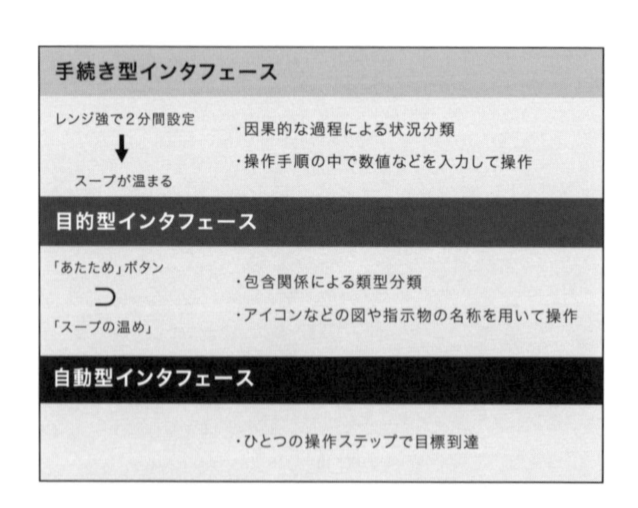

図4.1 操作用語に関するインタフェースの3つのタイプ

号だけでなく文字情報の重要性が再び認識されている。

このような背景から、土屋雅人は家電製品のインタフェース機能用語を分類・整理し、インタフェースを類型化する研究を行っている[21]。類型化することで、製品ラインナップにおける各製品の機能の操作用語に一貫性をもたすことができる。具体的にはインタフェースの種類を、手続き型インタフェース、目的型インタフェース、自動型インタフェースの 3 つに大別している（図 4.1）。

手続き型インタフェース

手続き型インタフェースとは、操作プロセスの中に時間や温度、強度などの数値（間隔・比率尺度）を設定するステップの含まれるインタフェースのタイプである。たとえば、電子レンジで温度と時間を設定することで料理の仕上がり具合を調節する方式であったり、洗濯機で洗濯物の量と質に対応して洗濯時間やすすぎ回数を設定する方式である。そのためには、機器を操作するうえで因果的な過程による状況理解、すなわち「入力 A を行うと出力 B が得られる」といった知識が要求される。

目的型インタフェース

目的型インタフェースとは、ユーザーが「したい」と思うことが操作パネル上に「ある」という、包含関係による類型の理解を必要とするインタフェースのタイプである。たとえば、電子レンジで牛乳を温めたいという意図が「飲みもの」というボタンを押すことで、または洗濯機で毛布を洗いたいという意図が「毛布」というボタンを押すことで、それぞれ実行に移されるような方式である。電子レンジの例でいえば、出力「500 ワット」で時間が「1 分」という間隔・比率尺度による表現を、「飲みもの」という名義尺度による表現に置き換えたものであるといえる。この方式は GUI におけるアイコンの概念に近い。

自動型インタフェース

自動型インタフェースは、前述の2つのタイプを統合したひとつの操作ステップ、つまり自動ボタンや標準ボタンなどで目標に到達するインタフェースのタイプである。これらの3つのタイプは自動型インタフェースを上位とする階層的な関係になっている。

この階層関係を第2章で述べたノーマンのユーザー行為の7段階モデルで分析してみる。まず、目的型インタフェースについて、オーブンレンジの例で考える。「グラタンを解凍する」というゴールが設定された後、オーブンレンジを使用して温めようという意図に変換される。次に、冷凍のグラタンを入れて、操作パネルから「グラタン」というメニューを選択すればよいのだろうという行為系列の選定が行われる。最後にメニューボタンを押して「グラタン」メニューを選び、スタートボタンを押しオーブンレンジが動き出すというステップとなる。

表4.1 2つのインタフェースのステップ数比較

製品名	オーブンレンジ	
Goal	冷凍グラタンが食べたい	
タスク番号	オーブンレンジ 1	オーブンレンジ 2
備考		
Step1	扉を開ける	扉を開ける
Step2	冷凍グラタンを入れる	冷凍グラタンを入れる
Step3	扉を閉める	扉を閉める
Step4	箱のレシピから時間と温度を調べる	グラタンボタンを押す
Step5	オーブンを押す	グラタンを取り出す
Step6	時間を入力する	
Step7	温度を入力する	
Step8	スタートを押す	
Step9	グラタンを取り出す	
	手続き型インタフェース	目的型インタフェース

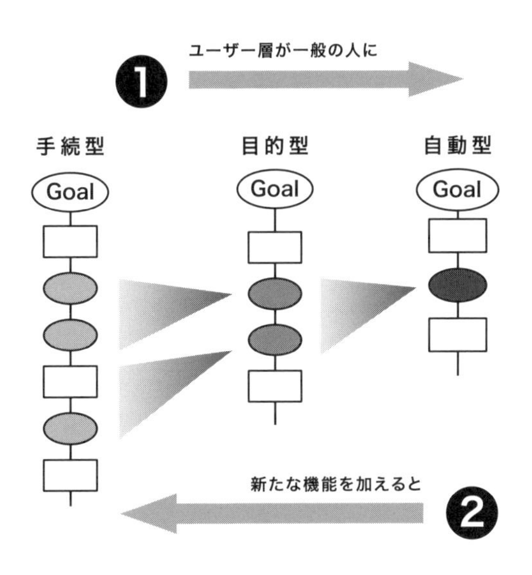

図 4.2　インタフェースの階層関係

この操作を表 4.1 に沿って手続き型インタフェースで考える。まず、冷凍のグラタンを入れた後に、操作パネルから「オーブン」を選択して、「時間」の数値と「温度」の数値を設定する行為を行い、最後にスタートボタンを押しオーブンレンジが動き出すというステップとなる。目的型インタフェースでは、この「オーブン」選択と、「時間」と「温度」の数値（間隔・比率尺度）を入力という複数の行為が「グラタン」（名義尺度）というメニューをひとつ選択するだけの行為に簡略化される。したがって、図 4.2 に示すように、手続き型インタフェースの複数の間隔・比率尺度が目的型インタフェースのひとつの名義尺度に集約されるので、手続き型インタフェースの上位に目的型インタフェースが位置するという階層的な関係がある。

次に、目的型インタフェースと自動型インタフェースの関係を炊飯器の例で考える。目的型インタフェースの場合、白米や玄米などの「お米の種類」を選び、そして普通や柔らかめなどの「炊き方」を選択して、「炊飯スタート」を押すと、ご飯を炊き始めるというステップとなる。他方、自動型インタフェースの場合、「炊飯」

または「予約」ボタンを押すだけでご飯を炊き始める。オーブンレンジの例と同じように、「お米の種類」と「炊き方」の複数の名義尺度が「炊飯」などのひとつの名義尺度に集約される。したがって、目的型インタフェースの上位が自動型インタフェースとなる。

4.2 3つのタイプの移り変わり

製品として歴史のあるカメラのインタフェースを例にして、手続き型・目的型・自動型インタフェースのタイプを考えてみる。市販品として誕生したときの一眼レフカメラ（1939年）は、シャッタースピードと絞りの両方とも固定であった。つまり、自動型インタフェースである「シャッターボタン」を押すだけの簡単なものであった。しかし、1951年に発売された導入期の製品では、シャッタースピードの値を手動で調整することができるようになり、また1971年の製品ではシャッタースピードと絞りの両方の手動調整が可能になった。

つまり、自動型インタフェースから手続き型インタフェースに遷移したことがわかる。そして、1990年の成長期の製品では4つの撮影モードの機能が搭載され、目的型インタフェースが登場する。半導体が多くの製品に搭載された1992年の成熟期の製品には、誰でもが一眼レフカメラを使えるように、「オートモード」の自動型インタフェースが採用された。その後、各社の機能競争の激化により差別化機能として、1993年に「パノラマモード」が一世を風靡する。「パノラマモード」は新しい機能をユーザーに明確に知ってもらうための目的型インタフェースである。

カメラの例から、製品の導入期では新しい機能の訴求が中心で、ユーザーもそれらを使いこなせることに喜びを感じる手続き型インタフェースが中心となる。しかし、成熟期になると一般のユーザーが使うようになり、使いやすさが強く求められる。そうすると目的型インタフェースへと移行する（図 4.2 の①）。さらに、成熟製品になりユーザーが一層増えてくると、誰でも使える自動型インタフェースが登場する。この時期では、差別化の新機能を訴求する目的型インタフェースやさらに手続き型インタフェースの採用も盛んになる（図 4.2 の②）。

一方、以上のような市場のレベルとは異なり、個人のレベルに視点を移して考えると、製品の使用を重ねることで製品の機能に対する知識が増え、細部の調整ができるインタフェース（手続き型インタフェース）への要求が生まれる。つまり、ユーザーのスキルレベルに応じたインタフェースである。このように、個人のレベルは市場のレベルの方向とは逆行する。とくに、主婦が毎日使う洗濯機で、洗濯時間やすすぎ回数などを設定する手続き型インタフェースがなくならないのはこのよい例証である。

また、図 4.3 に示す昔から多くのユーザーに使用されている一眼レフカメラのインタフェースは、広いユーザー層を意識するかのように 3 つのタイプが採用されている。そのユーザー層を分類すると、自動型インタフェースが入門者、目的型インタフェースが中級者、手続き型インタフェースが上級者（熟練者）であろう。

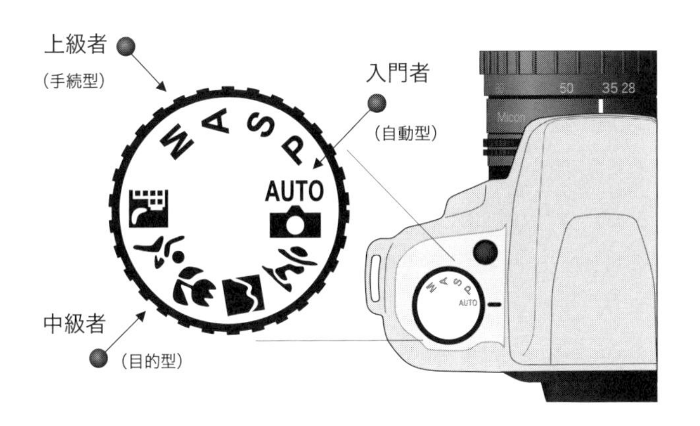

図 4.3　一眼レフカメラのインタフェース例

製品のわかりやすさを重視すると自動型インタフェースの方向に向かうが、製品を使う楽しさを重視すると手続き型インタフェースに向かう。これらのことを考えると、製品のインタフェースには3つのタイプがすべてあることが望ましい。しかし、普及型のデジタルカメラを調査してみると、シャッタースピードと絞りの両方を調整できる手続き型インタフェースは搭載されていない。製品を使う楽しさも含めた人間中心設計のインタフェースデザインを期待する。

4.3 操作用語の分類

3つのインタフェースのタイプはインタフェース全体を俯瞰した分類である。そこで、実際の製品の中で、この3つのタイプがどのようになっているかの調査を行った[22]。市販されている国内主要メーカーのジャー炊飯器と洗濯機（洗濯乾燥機を含む）、電子オーブンレンジ、デジタルカメラの各社のカタログを参考にして、それらの操作パネルから抽出した操作用語を3つのタイプに分類・整理し、その表を対象製品ごとに作成した。なお、3つのタイプいずれにも該当しない場合は、新たなインタフェースの分類を行った。

表4.2に示すように、洗濯機では、目的型インタフェースの細目として、洗い方、材質、時間に分類された。炊飯器でも、細目として具体的な炊き方と抽象的な炊き方、お米の種類に分類された。また、デジタルカメラで増えてきた「花火」や「パーティ」などの撮影シーンの選択は目的型インタフェースとなるが、撮影の仕方（カラー、白黒、セピアなど）、被写体（風景、人物、書類など）、露光時間（スポーツ、動くものなど）に関する分類があった。しかし、数十もある項目が分類されておらず、目的の撮影シーンを見つけ出すのに操作時間を要する。

電子オーブンレンジはその多くが目的型インタフェースであった。しかし、方法、材質、時間の視点から分類はされておらず、ほとんどが羅列に近いものであった。その内容は、料理方法と料理材料に整理することは可能であった。また、それらをどのような手順で行うのかという時間軸の対応をインタフェースデザインに取り入れれば、より整理されてわかりやすくなると考えられる。

次に、自動型インタフェースにも細目がみられた。たとえば、洗濯機では、洗いやすすぎ時間などを自由に設定する自分流や予約（メモリー）などの「カスタマイズ自動」と、標準コースなどの「デフォルト自動」である。カスタマイズ自動を分析すると、事前に設定したことを一度に実行する「自分流」と、事前に設定した一括処理を指定した時刻に起動処理する「予約」がある。この違いを言葉でユーザーに理解してもらうことは難しい。たとえば、「自分流」と「自分流を予約」と表記するのも一つの案であろう。

そのほかにも、洗濯機では節水機能や洗濯槽の洗浄などの社会的な問題や利便性に対応した前準備または後処理のインタフェースや、一時停止ボタンなど、

表 4.2　家電品の操作用語のインタフェースタイプによる調査結果（一部）

<table>
<tr><th rowspan="2">製品</th><th colspan="2">手続き型IF</th><th colspan="4">目的型IF</th><th colspan="2">自動型IF</th><th rowspan="2">操作IF</th><th rowspan="2">電源</th><th rowspan="2">準備
メンテナンス</th></tr>
<tr><th>選択</th><th>知識</th><th colspan="2">方　法</th><th>材　質</th><th>時　間</th><th>カスタマイズ
自動IF</th><th>デフォルト
自動IF</th></tr>
<tr><td>洗濯機</td><td>洗い→
すすぎ→
脱水→</td><td>→(3、6、10、15、20分)
→(1回、2回、3回、4回)
→(1、3、5、7、9分)</td><td colspan="2">柔らか仕上げ、たくさん
ホットミスト、ドライ
念入り、つけおき、つけ洗い
おうちクリーニング</td><td>毛布
厚物</td><td>スピーディ
お急ぎ
ナイト
おやすみ
節水快速</td><td>予約
メモリー
手造り
自分流</td><td>スタート
標準
これっきり
おまかせ</td><td>一時停止</td><td>電源
入/切</td><td>ふろ水
お湯取
カビブロック
カビガード
槽洗浄</td></tr>
<tr><td>乾燥機</td><td>乾燥→</td><td>→(30、60、90分、自動)</td><td colspan="2">上質仕上げ、アイロン、
縮み低減、花粉
念入り
スチーム乾燥</td><td>毛布</td><td>ナイト
タイマー
乾燥</td><td>予約
自分流</td><td>スタート
標準
これっきり
おまかせ</td><td>一時停止</td><td>電源
入/切</td><td>槽乾燥</td></tr>
<tr><td rowspan="2">ジャー
炊飯器</td><td rowspan="2">時刻
合わせ→</td><td rowspan="2">→時、分</td><td>具体的炊き方</td><td>抽象的炊き方</td><td rowspan="2">白米
無洗米
玄米
発芽玄米
分づき
胚芽</td><td rowspan="2">早炊き
高速</td><td rowspan="2">予約
かんたん
予約</td><td rowspan="2">炊飯
保温
おやすみ保温
うまみ保温
再加熱
炊きたて保温
つやつや保温</td><td rowspan="2">一時停止
切
取消</td><td rowspan="2"></td><td rowspan="2"></td></tr>
<tr><td>炊きこみ専用
炊きおこわ
すしめし
おかゆ
玄米がゆ
発芽玄米がゆ
雑穀米がゆ
蒸し</td><td>ふつう
かため
やわらか
おこげ
もちもち
さっぱり
しゃっきり
おこげ</td></tr>
</table>

操作の仲立ちをする操作系のインタフェース、電源（入／切）ボタンを押してはじめて操作できるインタフェースを制御するインタフェースがある。また、この操作系のインタフェースと制御系のインタフェースは炊飯器にもある。

他方、デジタルカメラの設定種別を分類すると、設定項目は目的の前準備の設定、後処理の設定のどちらかの枠に大別できる。したがって、設定項目を前準備設定と後処理設定とに分別すると、ユーザーにわかりやすく、目的項目への到達時間が短縮すると考えられる。

以上をまとめると、手続き型インタフェースは「知識」と「選択」、目的型インタフェースは「方法」、「材質」、「時間」、そして自動型インタフェースは「デフォルト」と「カスタマイズ」に新たに分類される。そのほかに、表 4.2 右端に示す操作系や準備・メンテナンスに関するインタフェースがあることがわかった。しかし、デザインレイアウトとそれらの分類はきちんと区別されていないこともわかった。

これらの分析結果を踏まえて、3 つのタイプを反映した洗濯機のインタフェースデザイン案を図 4.4 に示す。なお、この案ではインタフェースの 3 つのタイプの操作ボタンを色彩（本書では省略）で区別してある。

このように、製品のインタフェース機能の分類で、洗濯機からデジタルカメラまでの操作に関する機能が一貫した考え方で整理されると、ユーザーにとって理解しやすいメンタルモデルが構築される。さらに、この分類により操作の理解にとっ

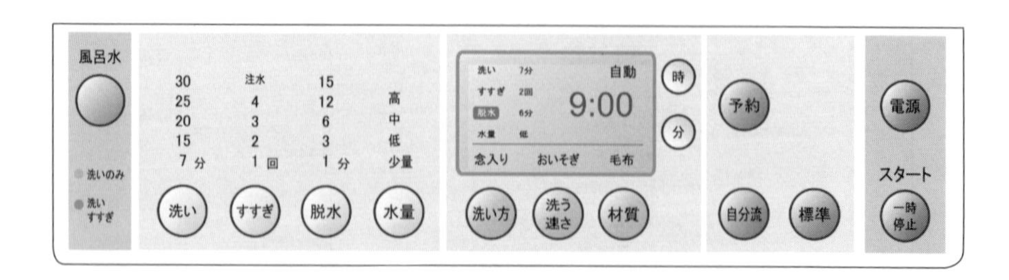

図 4.4 インタフェースタイプによる洗濯機のデザイン例

て重要である用語の統一を図ることも可能になる。

続いて、表 4.2 に示すインタフェースの 3 つのタイプによる操作用語の表記を見ただけで意味が理解できるかを若者 [23] と高齢者 [24] を対象に調査を行った。その結果、両者とも手続き型インタフェースの用語は理解度が高かった。目的型インタフェースの用語は顕著に理解度が低い傾向にあった。とくに、カタカナの外来語は、若者には理解を高める傾向にあるが、高齢者には理解を阻害する傾向が認められた。全般的に高齢者にとっては、新機能を表す用語の知識が不足しているため、理解度が低い傾向にあった。新機能についてはメーカー側が他社との差別化を狙ったと思われる一般的でない表現を用いることもその原因と考えられる。

以上の結果より、わかりやすい操作用語を生み出すためには、業界内での用語の共通化を推進する必要がある。目的型インタフェースの用語に比喩や外来語を用いる場合、ユーザーのメンタルモデルに配慮し、それが直感的に理解できるかどうかの十分な事前検証が求められる。

4.4 ガイダンスとヘルプ

より使いやすくすることを目標として用いられた目的型インタフェースは、逆にその操作用語の意味がわかりにくいという矛盾する調査結果を示した。これは、5 文字程度の文字表現だけでユーザーに操作用語を理解してもらうことの限界を示している。そこで、取扱説明書の新しい展開が必要となる。

今日、製品には大きな容量のメモリーと大きな表示画面が標準的に装備されてきているため、このスペースに取扱説明書の一部が取り入れられつつある。一部の製品では、ポップアップメニューのような形式や子画面の形式で取り入れられている。一眼レフのデジタルカメラでも、「?」マークの外部ボタンで、画面中の選択されたボタンの用語の説明をする機能も搭載されている。スマートフォンでは、そのメーカーサイトから取扱説明書が入手できる。また、取扱説明書の一部が製品の中に入ることは、必要なときにすぐに調べられるというユーザーの利便性向上だけでなく、取扱説明書が薄くなることによる省資源化にもつながる。

取扱説明書には「ガイダンス」、「ヘルプ」、「レクチャ」の3つの機能がある。ガイダンスは「これは何?」という用語の説明である。ヘルプはQ&Aに代表されるように、「これを行いたいのだけど、どのようにするの?」という質問に回答する形式の説明である。レクチャは、「まずはこのように使用してください」というスタートアップの説明や「この新しい機能はこのように使用します」という使い方の説明である。

これらの中では一般的に、ガイダンスとヘルプの使用頻度が高い。ガイダンスは機能の説明なので、インタフェースデザインとしては対応しやすい。一方、Q&Aのヘルプとなるとユーザーのすべての想定問答を準備するのは難しい。ただし、プリンターやデジタルカメラでは操作をナビゲーションする「ナビ」や「ガイド撮影」という名称で登場してきている。

次にガイダンスとヘルプについて図4.5よりインタフェースデザインの設計論の視

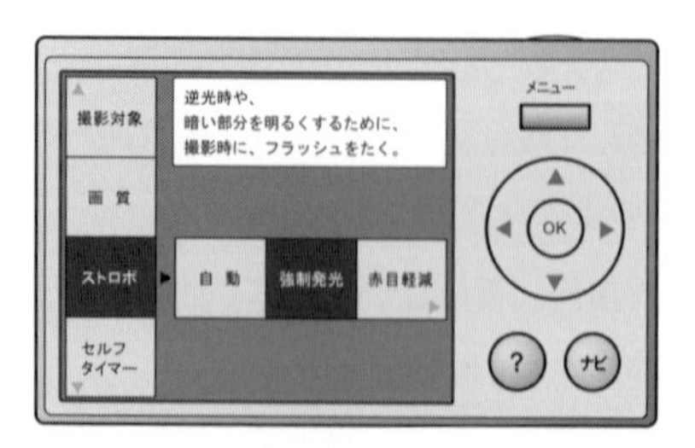

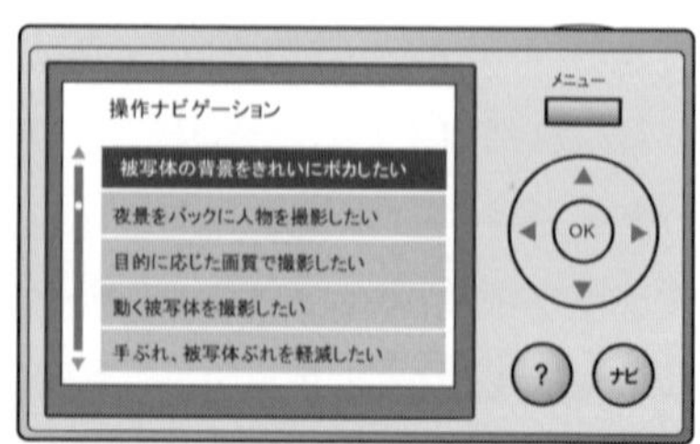

図4.5　ガイダンス（左）とヘルプ（右）の分析結果例

点から述べる[25]。ガイダンスの表示方法では、「用語近くに配置した長い説明表示」、「吹き出し式の短い補足説明」、「画面上部に適量の説明を常時表示」を比較・分析したところ、図 4.5 左に示すように「説明文は画面上部が目に付きやすく、説明文は長すぎない方がよい」という結果が得られた。また、その用語の分析では、動詞の直前に目的語を配置するなどの正しい文法と、少しの補足説明を加えるだけでわかりやすくなることが判明した。

一方ヘルプでは、そのインタフェースデザインの実例として、前述の「操作ナビゲーション」（図 4.5 右）を分析した。その結果、ナビ機能のボタンを本体に設け

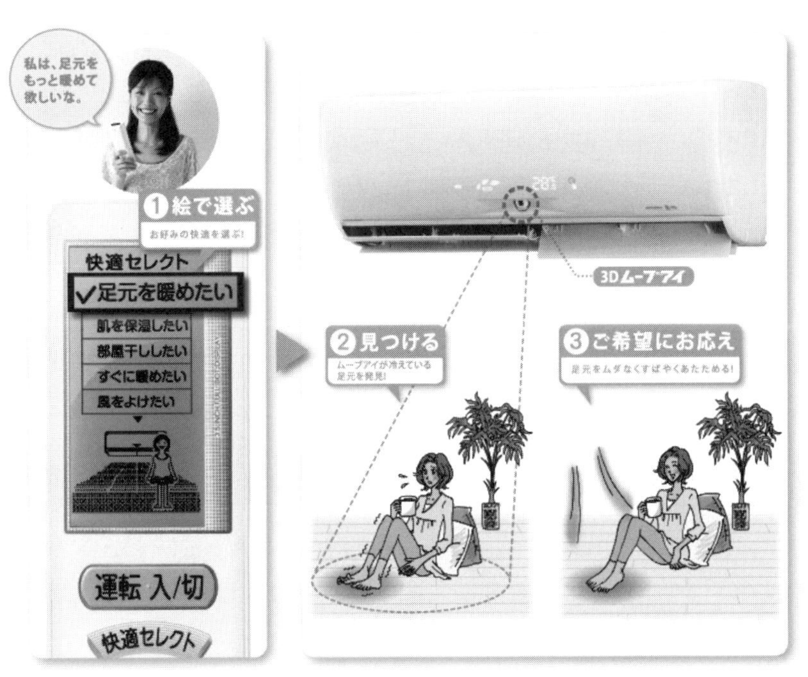

出典：三菱電機ルームエアコン

図 4.6　操作ナビゲーションの事例

るなどその機能をわかりやすく示し、そして迅速に操作できるように、ユーザーの使用頻度の高い項目などは自動的に上位に移動することが求められた。なお、このナビ機能は、図 4.5 右のリストの内容を見てもわかるように、目的型インタフェースである。

操作ナビゲーションを家庭用エアコンに採用したのが図 4.6 の事例である [26]。リモコンの「快適セレクト」ボタンを押すと希望の操作リストがイラスト入りで表示される。使用頻度の高い項目は自動的にリストの上位に移動する学習機能も備えている。

ところで、ガイダンスやヘルプでは長い文字が多い。また、スマートフォンで長い文章を読む機会も増えてきている。少し前のことであるが、もし文字のデザインに問題があると、300 を 800 と間違うことや濁点と半濁点の判別ができないことも生じた。そこで、読みやすくて読み間違えることがない漢字フォントが提案された。このフォントは、どこでも誰でもが読めることが求められる。つまり、ユニバーサルデザイン（UD）の視点で開発された。

その代表がモリサワの UD 書体である [27]。わかりやすさを重視するあまりに文字の美しさが損なわれることのないよう、視認性とデザイン性、双方のバランス調整がデザイナーの手によって施された。アップル製品が採用している漢字フォントのメーカーのダイナコムウェア社は UD 書体だけでなく、「感性フォント」の研究も推進している。

たとえば、表示画面の高精細化で、スマートフォンの文字は細くなってきている。従来は不可能であったが、可能になるとデザイナーが進んで採用した。調査研究 [28] によると、フォントが細くなると、「格調高く、端正でオシャレ」なイメージになり、さらに読みやすく好まれることがわかった。デザイナーの感性が正しかったのである。このように書体表現の自由度が高くなると、書体フォントが魅力的なインタフェースデザインを実現する重要な要素になるであろう。

4.5 音声インタフェース

操作用語と関係が深いのが、操作を読み上げた音声に反応するインタフェースである。ユーザーが製品やシステムに指示する内容は、当面は目的型または自動型インタフェースが中心になる。そのうち、音声認識精度が向上すれば、前述のQ&Aと関係する操作ナビゲーションも音声インタフェースになるであろう。

また、SF映画に登場する音声インタフェースを分析した研究[29]によると、音声コマンドによる音声インタフェースだけでなく、それらとジェスチャーやハンドクラップ（手を叩くなど）の組み合わせにより人間の自然なふるまいに近い演出がされている。

日本では、1990年代からパソコン用の音声入力ソフトウェアや、音声認識で電話帳を検索できる携帯電話も発売されていた。しかしそれらは、すでにあるソフトウェアやサービスを使うための、キーボードやマウスに代わるインタフェースとしての役割が大きかった。

一方、アップルのiPhoneに搭載された「Siri」が登場すると、多くのユーザーが、その対話型のインタフェースに注目した。それはiPhoneに話しかけるだけで、スケジュールの入力やメッセージの送信、ウェブ検索、翻訳などが簡単にできたからである。それだけでなく、知性的だけれど少し的外れの抜けた返事もしてくれる性格を、ユーザーは好意的に感じている。また、Androidでも音声でスマートフォンの操作を行える機能が搭載され、さらにSiriのようなパーソナルアシスタントのアプリや、画面に一切触れなくても通話や経路検索、音楽の再生ができる「タッチレスコントロール」とよぶ機能も登場している。

2014年に音声アシスタントを搭載したアマゾンから「Amazon Echo」を発売されると、「スマートスピーカー」という新しいジャンルが生まれた。この後、各社から類似の製品が発売された。アマゾンのAIアシスタントの名前である「Alexa」に向かって声で命令する、「アレクサ、〜して」というテレビコマーシャルでも有名になった。この命令は、インターネットのキーワード検索や、それに接続された家電の操作や、無線リモコンの代替操作を音声で行うホームオートメーションなどである（表 4.3）。

このような音声入力インタフェースが注目されるようになってきた技術的な背景には、数学モデルによる統計的な音声認識の革新だけではなく、コンピュータやネットワークの処理速度が向上したという外部技術の進歩も大きい。加えて、音声は端末上ではなくクラウド上でビッグデータとして処理されているため、人工知能の深層学習により、多くのユーザーが使えば使うほど賢くなっていく。

さらに、スマートフォンでは、音声以外のさまざまなデータを取り込める。つまり、GPS や加速度センサーを用いた位置情報、画面のタッチから得られる補助的な指示、カメラが撮影する外の景色などによって、音声だけでは得られなかったユーザーの置かれた詳細な状況を把握できるようになってきた。今後は、ユーザーの生活パターンを記録する行動蓄積の技術が進展すると、より賢くなるだけでなく、感情を認識する技術を組み合わせることで、ユーザーの置かれた文脈に沿った、より適切な応答を返せるようになり、より使いやすく楽しいインタフェースになるであろう。

このように単体の技術としては普及しなかった音声認識だが、ユーザーが肌身離さずに使う端末に組み込まれることで、第 7 章で述べる自律型インタフェースである人工知能的なエージェントへと進化していくことになると思われる。

一方、家庭の中で、製品の音声インタフェースが増えてくると音声の識別が求められる。たとえば、洗濯機が「問題が発生しました」と警告があった場合、この音声内容では、どの製品が警告したかわからない。たとえば、製品ごとに男性や女性、若者や中年などの音声を割り振ることで、どの製品であるかが特定できる。このような配慮も今後は必要になってくるであろう。

また、普及しはじめた音声インタフェースではあるが、その使用実態の調査では 9 割が使っていないという結果 [30] もある。その理由として、①認識率が非常に低い、②回答の内容がよくわからない、③機械に話すことに抵抗がある、④声を出す方が面倒、⑤返事が変で、楽しくないなどがある。

「朝7時に起こして」という命令を数度言っても誤認識で入力できない場合、恐らく次からは確実なキー入力をするであろう。このように従来の操作を単に音声で代用するのではなく、音声インタフェースに適した人と機械のコミュニケーションのあり方があると考える。今後の研究の進展を待つことになるが、ひとつのあり方としては、AIアシスタント側から「寒くなったので、部屋を暖めましょうか?」という問いかけに対して、認識率が高い「はい」または「いいえ」で答えることなども考えられる[31]。

表4.3　Alexaとできること

機能	内容
ミュージック&メディア	Alexaに話しかけるだけで、音楽再生やラジオやKindle本の読み上げを楽しめます。
コミュニケーション機能	ビデオ通話で、家族や友達ともっとつながれます。
ニュース&情報	Alexaが、あなたが関心のある最新のニュースや情報をいつでもお届けします。
Alexaに聞いてみよう	Alexaがあなたの質問に素早く答えます。
家のことをお手伝い	好きなことにもっと時間を使えるように、Alexaがお家のことをお手伝いします。
スマートホーム	Alexaに話しかけて、照明、エアコン、TV、スマートロックなどのスマート家電をコントロールできます。
ゲーム&遊び	Alexaと遊ぼう。
ショッピング	Alexaはショッピングのお手伝いもします。
Alexaスキル	お気に入りのスキルを追加して、Alexaとできることをカスタマイズしましょう。

(アマゾンのサイトから引用) https://www.amazon.co.jp/meet-alexa/b?ie=UTF8&node=5485773051

5

設計の手法

INTERFACE DESIGN TEXTBOOK

5.1 ガイドラインとデザインルール

前章までは、開発のプロセスや人間の認知とそのモデル、および操作用語による分類などインタフェースデザインをとりまく考え方について述べてきた。本章では、実際にインタフェースをデザインするときに必要となる設計の手法について説明する。

インタフェースをデザインするときの参考として、これまでいくつかの専門書でガイドラインやデザインルールが紹介されてきている。有名なものはアップルの「iOS ヒューマンインターフェイスガイドライン」である[32]。その中の「ヒューマンインターフェイスの原則」はよく練られたデザインガイドラインのひとつである。

このガイドラインとニールセンのユーザビリティ特性（第 6 章）とを対応させたのが表 5.1 である。アップルの 6 原則は画面デザインの認知的なインタフェースを対象にしたものであるが、それに物理的なインタフェースも含めたガイドラインもある[33]。それが表 5.1 の中央である。この表からわかるように、iOS の原

表 5.1　ガイドラインとユーザビリティ特性

iOSの6原則	ガイドライン	ユーザビリティ特性
(1) 外観の整合性 (2) 一貫性	(1) 適切なアフォーダンス (2) 操作の一貫性	学習しやすさ 効率性
(3) メタファ (4) フィードバック	(3) よい対応づけ (4) 適切なフィードバック	記憶しやすさ
(5) 直接操作	(5) 簡単なエラー処理	間違えにくさ
(6) ユーザによる制御	(6) ユーザ側に主体的な制御権 (7) ユーザの個人差への対応	主観的満足度

表 5.2　3 つの段階のガイドラインとデザインルール

情報のデザイン	対話のデザイン	表現のデザイン
(1) 制約	(1) モードとカスケード	(1) そろえると強調
(2) 一貫性	(2) 一括型インタフェース	(2) フィッツの法則
(3) 制御	(3) 階層化	(3) ヒックの法則
(4) アフォーダンス	(4) 段階的開示	(4) グーテンベルク・ダイヤグラム
(5) 可視性（外観の整合性）	(5) 80 対 20 の法則	(5) 近接効果
(6) 美的ユーザビリティ効果	(6) 遂行の負担	(6) 手がかり
(7) 明快で簡潔	(7) 対称性	(7) マッピング
(8) 親近性	(8) 寛容性	(8) アイコン
(9) 柔軟性	(9) 確認	(9) 擬態
(10) エラー	(10) フィードバック	(10) 逆ピラミッド

則内の「外観の整合性」や「メタファ」が特徴的である。また、iOS に採用されたマルチタッチ操作の「直接操作」はインタフェースデザインの新しい流れを生み出した。

一方、インタフェースをデザインする開発プロセスは、「情報のデザイン」から「対話のデザイン」を経て、「表現のデザイン」に至ると述べた。表 5.1 の中にある「アフォーダンス」や「一貫性」などはデザインのコンセプトである「情報のデザイン」に関係する。また、「表現のデザイン」に関するデザインルールで有名なものに「フィッツの法則」や「ヒックの法則」、「マッピング」、「グーテンベルク・ダイヤグラム」などがある [34]。主にこれらはデザインのレイアウトに関するルールである。

それらのガイドラインとデザインルールをこの開発プロセスの 3 つの段階に分類したのが表 5.2 である。なお、この分類はあくまでウェイトの高い段階におけるもので、ほかの段階でも当てはまるものも多い。

5.2 情報のデザインの手法

インタフェースデザインを設計する第一段階では、コンセプトの策定、つまり大まかな方針を決めることになる。その際に参考にするのが、表5.2の「情報のデザイン」の中の10の項目である。なお、コンセプトの策定には、そのほかの段階の項目が関係する場合も少なくない。表5.1のガイドラインの項目はコンセプト策定と関係する。

(1) 制約

制約とは操作行為を制限することである。ある特定の時間には利用できない選択肢を、薄く表現するかまたは隠すと、その選択肢が選ばれる可能性は効果的に制限される。さらに、メール機能のボタンを押したときに、その機能に関する選択肢しか表示されないなどの考え方である。第1章で紹介した誘導型インタフェースは、この考え方を用いている。なおこれは、人は選択肢が多くなったときに決断を後回しにするという「決定回避の法則」とも関係する。

(2) 一貫性

一貫性はインタフェースデザインでは必須項目である。もし、駅ごとに切符の買い方が異なっていたらどうだろうか。操作を繰り返し行うとき、操作方法や手順、レイアウト、使われている用語が異なっているとユーザーは操作につまずき、間違いを起こしやすい。このように「一貫性」は「対話のデザイン」と「表現のデザイン」にも関係してくるので、「情報のデザイン」の段階で俯瞰的に決めておく必要がある。また、新旧の製品間や関連の製品群でも「一貫性」は求められるため、デザイン戦略にも関係してくる。

(3) 制御

制御とは、ユーザーの技能と経験のレベルで異なるインタフェースデザインにすることである。初心者には制御すべき量が少ないのが一番よく、熟練者には多いほうが好都合である。初心者は単純で構造がわかりやすいことを好み、熟練者は効率性と柔軟性を好む。そのため、初心者には、最小限の選択肢による階層構造、プロンプト（操作画面やウィンドウ）、ヘルプなどの補助が必要である。熟練者には、ショートカットなどでダイレクトにアクセスできることが求められる。多機能な製品のインタフェースになればなるほど、初心者と熟練者の両方に配慮することが必要である。これは、表 5.1 の「ユーザーによる制御」や、第 2 章のラスムッセンの行為の 3 段階モデルと関係する。

(4) アフォーダンス

アフォーダンスとは、たとえば、ラジオにボリュームを調節する丸いつまみがあれば、それを回転すれば音が変化すると想像されるというように、製品の形態が使い方を示唆する性質である。この用語は、ノーマンの著書 [3] の中で、「アフォーダンスは物をどのように扱ったらよいかについての強力な手がかりを提供してくれる」と述べている。

一方、アフォーダンスという用語は、米国の知覚心理学者ギブソンによる造語である。たとえば、人は坂道を見て、そこを自転車に乗ったまま登れるかどうかの判断を行う。坂道の傾斜などは環境に埋め込まれている知覚的情報で、環境が提供するこれらの知覚的情報にもとづいて、次に取るべき行動を取捨選択する。このアフォーダンスという概念を、日常生活で用いられる製品デザインに応用したのがノーマンである。彼は、DVD の録画予約ができないのは使用者の問題ではなく、そうした製品に欠陥があるからだといい、アフォーダンスの観点から身のまわりの製品や道具のデザインに批判を加えた。なお、ノーマンはギブソンの概念をデザインに導入したが、その解釈は誤解を生んだため、アフォーダンスとの違いを明確にするために、近著で「シグニファイア」（signifier）という用語を提唱している [35]。シグニファイアとは、物が人間に働きかけ適切な行動を誘発する知覚可能なサインで、たとえば、防火扉の取手、部屋のドアノブ、ふすまの引き手などは、その形が扱い方を暗示しているという考え方である。

(5) 可視性

ノーマンは、物のデザインが適切な行為の手がかりになるいくつかの要件を挙げている。その重要なものが可視性とフィードバックである。道具に対して何らかの操作を行う場合、操作に関係する部分が目に見えるようにすること（可視性）と、ある行為の結果をただちにあきらかにすること（フィードバック）が重要になると説明している。

他方、可視性と関係するiOSの「外観の整合性」の原則では、アプリケーションの外観がその機能とどの程度整合しているかを示す尺度と述べている。例として、「タスクを実行するアプリケーションは、一般に標準のコントロールや動作を提供することでタスクに目が向くようにする一方で、装飾的な要素は控えめにして背景に溶け込むようにする。こうしたアプリケーションは、その目的について、ユーザーに明確で統一されたメッセージを与える。」と説明している。

(6) 美的ユーザビリティ効果

もうひとつ可視性と関係するものとして、美的ユーザビリティ効果がある。これは、「デザインの美しいものは、デザインの美しくないものよりも使いやすいと認知される」という考え方である。そのためにはデザインの美しいインタフェースデザインが求められるのであるが、機能的に同等なデザインの中では、もっとも単純なデザインを選ぶべきであるという「オッカムの剃刀」の原則が示すように、明快で簡潔なデザインが求められる。

(7) 明快で簡潔

明快というのはとても重要な要素である。インタフェースデザインの目的は、ユーザーに意味と機能を伝え、利用するアプリケーションとの相互交流をはかることである。したがって、そのアプリケーションがどのように機能するのか、どこに進むべきか理解することができないときは、ユーザーは困惑し失望することになる。このように明快であることは非常に重要だが、説明や定義を過度に加えすぎると、ユーザーはそれを読むだけで多くの時間が必要になる。インタフェースデザインは簡潔にし、ユーザーの貴重な時間を奪わないようにすることが求められる。

明快で簡潔なデザインの事例がグーグルのインタフェースである。それは、ユーザーのクリック動作を少しでも妨げるものはすべて排除するというもの（マシン主導）である [36]。クリック数により営業成績が左右されるというひとつの特殊な指標が背景にあるが、マシン主導の考え方が、明快で簡潔なグーグルのコンセプトデザインを生み出している。ユーザーは探しているものに最短時間でたどりつくことにができる。

(8) 親近性

多くのデザイナーはインタフェースデザインを直感的にわかりやすいものにしようと心がけている。そのための具体的な方法のひとつが親近性である。親近性とは、これまでに経験したことのあるインタフェースを感じさせるものである。ユーザーは以前に経験したことは、それがどのように作用するかすぐに理解することができる。たとえば、手帳やノートなどの端に付け、希望するページに素早く移ることのできるタブの考え方を用いたインタフェースデザインは有名である。タブをクリックするとそのセクションに遷移し、それ以外のタブはナビゲーションとして残り表示される。

このように実際にある道具を表示画面の中に入れ込むことは、直感的なインタフェースデザインとして広く用いられている。その代表がアップルのアプリで採用されている、現実世界のモチーフを模倣した「スキュアモーフィックデザイン」(Skeuomorphic Design) の考え方である（第 9 章で解説）。

(9) 柔軟性

目的とする機能に対して、そこにたどりつくルートを複数用意する柔軟性もユーザーには親切である。つまり、ユーザーの利用場面に応じてユーザーが好きな方法を選択できることになる。柔軟性はコンセプト段階から計画しておく必要がある。

(10) エラー

操作が間違ったときのエラーに対して適切な対応がインタフェースデザインの中に備えられていれば、ユーザーが使いにくいと感じる度合いは大幅に軽減される。したがって、エラー対応は、コンセプト段階から計画する必要がある。人間はエラーを犯すものだという前提に立ち、操作エラーをしても簡単に復帰できる配慮が必要である。たとえば、「戻る」や「ホーム」ボタンで、エラー以前の状態に回復できる対症療法的な仕組みは最低限必要である。

エラーには「スリップ」と「ミステイク」の2種類がある。スリップは行為が意図したものでない場合に起きる。たとえば、保存しないでアプリケーションを閉じようとしたときに表示される保存するか否かのメッセージボックスである。これは保存し忘れる（スリップ）ことを防ぐためのエラー対応である。一方、ミステイクは行為の意図が不適切な場合に起きる。似たようなボタンがあると勘違いして、そのボタンを押してしまうというようなエラーである。ユーザーがその勘違いを起こすかどうかを検証して、それが起きないようにデザインする必要がある。このエラーに対する具体的な対処法は、次節の「寛容性」で説明する。

5.3 対話のデザインの手法

情報のデザインによってインタフェースデザインのコンセプトが確定すると、それをどのような画面遷移・時間軸のデザインで表現するかを決めることが対話のデザインである。そのためには、まず対話のデザインの大枠である画面遷移の型（パターン）を決める必要がある。これを大別すると、第 1 章の図 1.4 に示すように、並列型遷移（モード）と選択型遷移（カスケード）に分けられる [37]。

(1) モードとカスケード

モードは、デジタルカメラやスマートフォンなどのように、たくさんの機能を並列的に使うパーソナル端末に多いタイプである。毎回、メニューに戻って操作するため、ユーザーが操作中に迷子にならないために、浅い階層が求められる。これまでの製品と筆者の実務経験から、3 階層程度にするのが一般的である。遷移階層を浅くするデザイン的な工夫は後述する「階層化」で説明する。

一方、カスケードは、銀行の ATM や飛行機の発券機に代表されるように、滝（カスケード）が崖上から谷底に流れるように、複数の枝分かれをして落ちていく画面遷移のタイプである。公共的な端末に多く、操作階層が深くなるため、操作者に負荷をかけないように、文章や音声による操作案内や入力の進行状況を明示する必要がある。なお、モードタイプの中でも、設定内の使用頻度の低いものはカスケードタイプが用いられていることもある。

(2) 一括型インタフェース

デザイン的に遷移階層を浅くできない場合は、内部メモリー機能を用いた一括型インタフェースを用いることになる。表 5.3 に示すように、一括型インタフェースは、操作が容易な順に「固定設定型」、「事前設定型」、「使用時設定型」、「タイマー予約処理」の 4 種類がある [37]。

一括型インタフェースは対話型インタフェースで行ういくつかの操作手順または画面遷移を短縮化するものである。したがって、対話型インタフェースで行った操作内容が隠れてしまうため、ユーザーにはわかりにくくなる。とくに、短縮化された操作の名称を決めるのは、複数の操作を含んだものとしなくてはならないため、難しい。なお、一括型インタフェースについては、第 4 章で操作用語の視点からも詳しく解説した。

表 5.3 4種類の一括型のインタフェース

(1) 固定設定型	(2) 事前設定型	(3) 使用時設定型	(4) タイマー予約処理
一括処理のパラメータが、あらかじめ設定されているか、または、自動設定されているため、ユーザーがパラメータ設定をする必要がない一括処理。	事前に、ユーザーが設定しておいたパラメータの組み合わせを、一度に一括処理。 事前に設定したことを一度に実行するため、別名がマクロ機能。	ユーザーが実行時に、パラメータ設定操作と実行をする一括処理。	固定設定または事前設定、使用時に設定したパラメータの一括処理を、指定した時刻に起動する一括処理。 パラメータ以外に、起動時刻なども設定が必要。
例：洗濯機のワンボタン操作	例：電話の短縮ダイアル	例：電子レンジのマニュアル操作	例：映像機器のタイマー録画

(3) 階層化

遷移階層をデザイン的に浅くする方法として階層化がある。従来のパソコンはサブウィンドウを用いて階層関係を視覚的に表現しているが、これには大きな画面が必要で、複数のサブウィンドウを開くと、重なりが多くなりわかりにくくなる欠点もある。デジタルカメラなどの組込み型の場合は、表示画面が小さいので、サブウィンドウの採用は難しい。とくに、モードタイプの製品では頻繁に初期画面に戻るため、その階層が深いと、操作中に迷子になったり求めている機能を発見できないことがある。

そこで、階層を浅くするアイデアの例を図5.1に示す。この左端の図Aの階層はメニューを入れると4階層、図Bの階層はメニューを筐体(きょうたい)のボタンとすると画面の中は3階層になる。しかし、図Bの下位ではどの階層にいるかわからなくなるので、図Cの階層に示すように、吹き出しを導入すると画面の中は2階層になる。その結果、構造がわかりやすくなる。

さらに、図Dの階層に示すように、図Aの階層の最上位を筐体上のスライドボタンにすることで、画面の中は1階層になる。また、図Dでは、設定されたストロボが初期画面の上端にアイコンで表示されている。このように、モードの画面デザインでは、できる限り階層関係を1階層にする努力がなされている。そうすることに

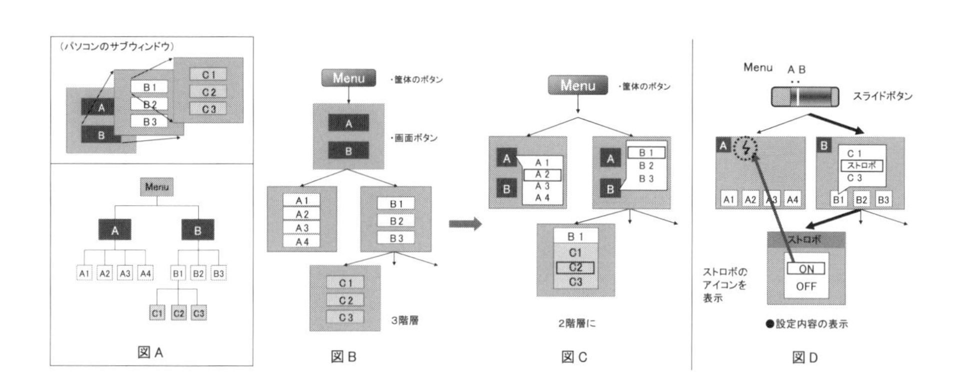

図5.1 階層関係のデザイン的表現

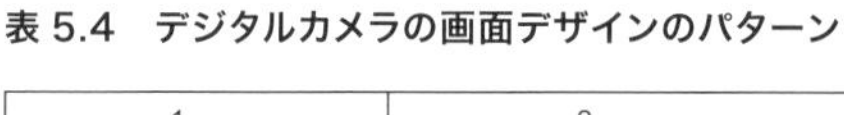

表5.4 デジタルカメラの画面デザインのパターン

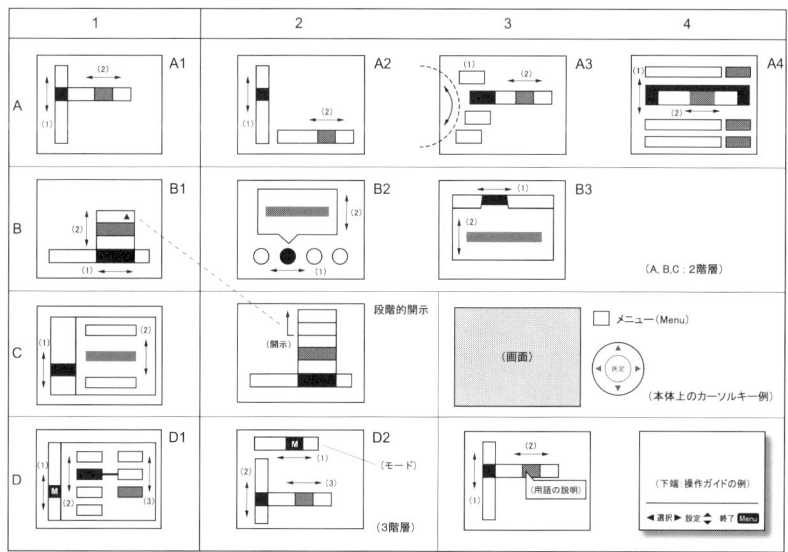

5

よって、構造がわかりやすくなるだけでなく、設定状況もわかりやすくなる。なお、タッチ操作では左右スライドの階層化も登場している。

デジタルカメラが急激に普及した際、表5.4に示すように、階層を浅くする画面デザインのパターンが生まれた。AタイプからCタイプまでは、2つの階層（図の中の括弧内の数字が階層番号）が同一画面にデザインされている。なお、A4では、2階層目の設定状況の内容が右端に提示されている。Dタイプでは3階層までが同一画面にある。このデジタルカメラは本体上の十字カーソルキーにより操作を行っているので、D1では、十字カーソルキーにより3階層までを同一画面にすることは無理がないわかりやすい操作である。しかし、D2では、1階層目の選択後に決定キーを押して2階層目に移動する手間が必要となる。

一方、比較的小さいひとつの画面の中に複数の階層を表現することになると、操作がわかりにくくなるため、表5.4の右下に示すような吹き出しによる用語の説明や画面下端の操作ガイダンスを設けることも多くなった。

(4) 段階的開示

ある階層における項目が多い場合は、そのすべてを表示すると煩雑になる場合や、すべてを表示できない場合が頻繁に起きる。そのために、よく利用されているのが段階的開示である。たとえば、表5.4のB1で、縦方向の2階層目の右上に▲マークをクリックすると、その右下の例が示すように、表示できなかった項目が上方向に表示される。

これは基本的に必要な情報のみを表示することで、情報の複雑さに対処する方法である。そのほかの例として、ソフトウェアのダイヤルボックスで、基本的な機能が使えるようになっているが、拡張またはオプションをクリックすると、より高度な機能が表示される。段階的開示の考え方に近いものとして、「80対20の法則」がある。

(5) 80対20の法則

この法則は「パレートの法則」ともよばれるもので、たとえば、売上げの80%は

20% の製品からもたらされるという法則である。それをインタフェースで考えると、よく使用する機能は全体の 20% であるといえる。したがって、頻度の高い機能だけを表示して、そのほかの機能は、段階的開示のように隠す手法である。この考え方に近い例として、パソコンのドロップダウンメニューがある。機能の大部分がそのメニューの中に隠されている。これによって、表示画面の複雑さを減らすことができる。

(6) 遂行の負担

使用する頻度の低いものは隠すという考え方は理解できるが、ユーザーによっては、その低い頻度の機能を頻繁に使用する場合もある。一般的にはショートカットで対応するが、すべての機能にそれがあるわけではない。このことに関係しているのが、仕事を成し遂げるのに必要な労力が大きいほど、その仕事をうまく成し遂げられる可能性は低いという遂行の負担という考え方である。端的な例として、ブラウザでは、インターネットのお気に入りのサイトを簡単に保存できる。これにより、そのサイトを覚えることがなくなり負担が軽減されている。アップルのパソコンでも、ユーザーがよく使用する機能をドロップダウンメニューからドラッグして、常時表示領域に移動するという方法も用いられている。

(7) 対称性

階層化に関する対応の後に検討されるのが、対称性である。表 5.4 の B1 を状態遷移図にした例が第 1 章の図 1.3 である。画面デザインの基本的な考え方として、一貫性を保つために同じパターンを繰り返す「対称性の原則」がある。しかし、第 1 章で述べたように、異なる機能の状態遷移図になる場合は、それをユーザーに理解してもらうために、意図的に対称性を崩すこと（非対称性）が広く行われている。その例を図 1.3 の下端に示す。

(8) 寛容性

対話のデザインで状態遷移を伴うことがあるのがエラーに関わることである。エラーが発生したら、前の階層に戻る「行為の取消し」が広く用いられているが、基本的にはエラーを防止するよう、そして万一エラーが起こった場合には、エラーのネガティブな影響を最小限に抑えるようデザインするという寛容性の考え方が用いられている。寛容性のデザイン的な方法としては、「アフォーダンス」(正しい使用を促すようなデザイン)、「行為の取消し」、「セーフティーネット」(重大なエラーの場合、そのネガティブな影響を最小限に抑える) がある。

(9) 確認

アフォーダンス、行為の取消し、セーフティネットのデザインが適切に施されていれば、「確認」や「警告」、「ヘルプ」は必要としない。しかし、この中で確認は、たとえば、「すべてのファイルを削除してよろしいですか?」のようなスリップのエラー防止方法として多用されている。重大な操作や取消しが不可能な操作の際、エラーを最小限にするのに確認は有効である。ただし、確認を過度に使用すると、ユーザーがそのメッセージを無視する恐れがある。ハードウェアの確認には2段階操作、ソフトウェアでは、ダイアログボックスを用いることがよいが、さほど重要でない確認は、2回目以降は無効にできるようにする。

(10) フィードバック

確認と関係するものにフィードバックがある。最近ではタッチパネルを用いた機器が主流になってきているが、たとえば、銀行のATMで、もしテンキーを押したときにピッと音が鳴って数字が表示される適切なフィードバックがなければ不安で使えないであろう。インタフェースでは、ユーザーからの操作が機器側に正確に入力され、確実に実行されているという何らかの明確なメッセージを、迅速にユーザーに返す仕組みが必要である。

5.4 表現のデザインの手法

対話のデザインにおいて、画面遷移を主とする時間軸について検討した後は、画面デザインの作成となる。そのためにはグラフィックデザインの考え方が用いられる。

(1) そろえると強調

グラフィックデザインの基本のひとつは、デザイン要素の縦と横をきちんとそろえる（整列）ことからはじまる。たとえば、左側の一直線上に文字や図形をそろえるなどの作業である。文字や図形が雑然と並んでいると、人はどのように見ていいか困ってしまう。そろえることで、どこに何があるかが見やすくなる。

次に重要なことは、構図の中の強調である。見てほしいところや重要な情報の場合、それを明確にする必要がある。これに用いられるのが強調（コントラスト）という考え方である。その方法には「形と色」、「立体表現」がある。また、最近ではダイナミックス・グラフィックという考え方から、「動き」も用いられている。詳しく

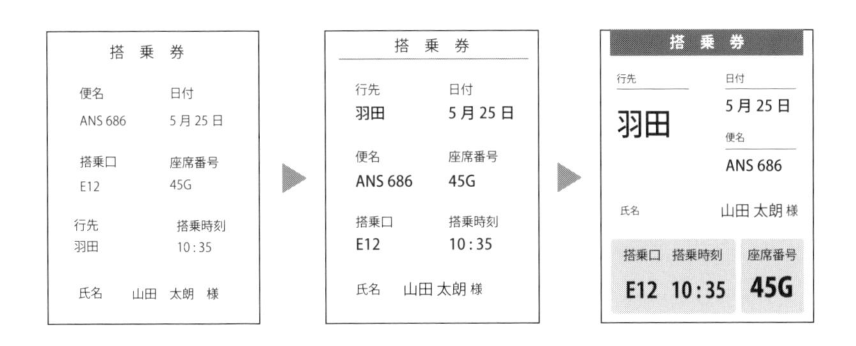

図 5.2 そろえると強調

は専門書にゆずるが、構図の中のバランスとリズム、余白、黄金分割は用いられることが多い。そろえると強調の例を図 5.2 に示す。

(2) フィッツの法則

強調と関係が深いのが、目標にたどり着くまでの時間は、目標の大きさと目標までの距離によって決まるというフィッツの法則である。すぐに押したいボタンは、ユーザーの操作の近くにおいて、大きな形状とする。一方、遠いところのボタンでも、形状を大きくすれば押しやすくなる。また、タッチ操作の左右画面スライドは、画面全体が操作の目標になるので押しやすい。

なお、この法則を数式で表すと MT=a + b log2 (d / s+1) になる。ここで、MT : 目標にたどり着くまでの時間（秒)、a : 0.23（秒)、b : 0.166（秒)、d : 目標と目標までの距離（インチ)、s : 目標の大きさ（インチ）である。たとえば、d = 6 インチ (152.4mm), s = 1 インチ (25.4 mm) の場合、MT=0.23+0.166 (log2 (6/1+1)=0.696 秒となる。

(3) ヒックの法則

フィッツの法則と対でよく用いられているのがヒックの法則である。これは、決断に要する時間は選択肢が増えるほど長くなるという法則である。したがって、メニューの選択肢やボタンの数が少ないほどその選択に迷わない。選択肢を少なくするためには、前述の段階的開示などが用いられているが、それができないときは、ゲシュタルト要因の閉合(図 1.5)で、複数のボタン類をひとつのグループとして扱い、決断に要する時間を軽減させる方法がある。

(4) グーテンベルク・ダイヤグラム

デザインレイアウトで有名なのがグーテンベルク・ダイヤグラムである。これは、均一面を見るときの視線の流れの一般的なパターンを表した図式である。具体的には、表示面を 4 つの区画に分ける考え方で、①上方左側の「最初の視覚領域」、

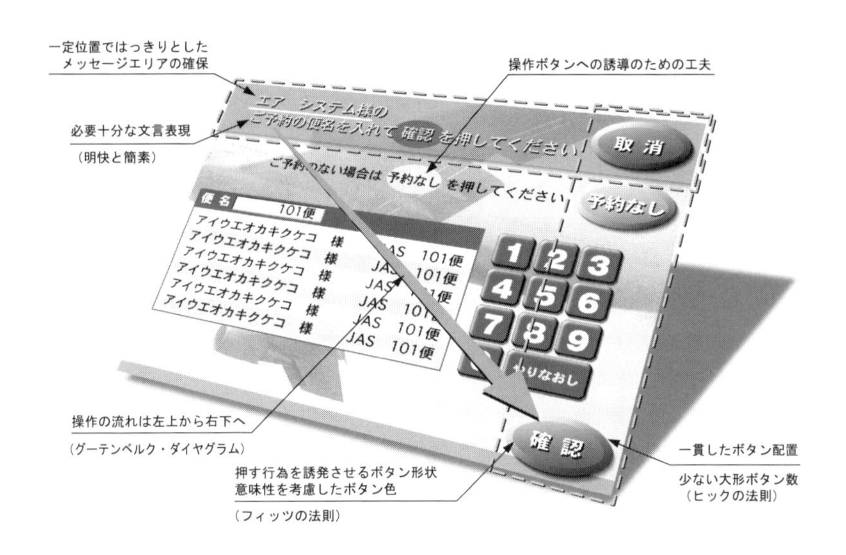

図 5.3　グーテンベルク・ダイヤグラムの例（空港の端末）

②下方右側の「終着領域」、③上方右側の「強い休閑領域」、④下方左側の「弱い休閑領域」である。読者の視線は、紙面の左上①から読み始め、左右および下方向へすばやく視線を動かしながら右下の終着領域②に至るのが自然な流れである。なお、グーテンベルクは活版印刷の発明者である。

グーテンベルク・ダイヤグラムの例が、図 5.3 に示す空港の自動チェックイン端末機の画面デザイン（カスケードタイプ）である。最初に視線がはじまる左上①から、操作ガイダンスが表示され、比較的視線が集まる右上③に渡り、主要なボタンを配置している。フィッツの法則から、使用頻度の高い「取消」（エラー防止のために赤で強調）と「予約なし」は大きなボタンで使いやすくしてある。そして、右下にもっとも使用頻度の高い「確認」ボタンを配している。また、一貫性から右側のボタン領域は、すべての画面に表示される。

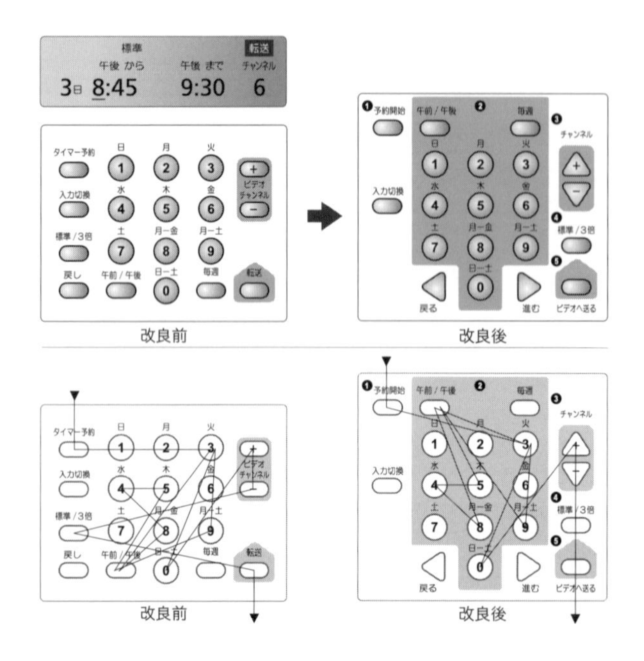

図 5.4　操作手順の誘導（CUE）とリンク解析

(5) 近接効果

図 5.4 に示すリモコンを使った録画の操作を例に考える。この図のテンキーは、それぞれが近くにあるボタンなので、ひとつのグループ（チャンク）として認識される。これは近接効果とよばれ、近くにある要素同士では、離れている要素同士よりもより関係が深いと認識されるゲシュタルト要因である。近接効果はデザインにおいて関係性を示すもっとも強い手段の一つである。

(6) 手がかり

グーテンベルク・ダイヤグラムでユーザーの自然な操作の方向について言及した

が、手がかり（CUE）は少し強制的に操作手順を誘導する方法である。図 5.4 の右側の例の中の黒丸の数字が CUE である。この数字の順番が操作の手かがりとなる。この事例は自動販売機や発券機で多く見られる。なお、図 5.4 の改良後に記載された数字の順番は、グーテンベルク・ダイヤグラムの「左から右」、「上から下」の順にもなっている。

手描きで簡易に操作手順を解析できる手法にリンク解析がある。図 5.4 の下側の例が示すように、操作軌跡を線分で結んで解析する考え方である。改良前と改良後の操作軌跡を比較すると、改良後の方が軌跡が交差する割合も少なく軌跡の総距離も短い。このように、軌跡の交差する割合を少なく総距離も短くなるボタンのレイアウトにデザインすることで、より操作性の優れたインタフェースデザインが期待できる。

(7) マッピング

操作用語の認識には優先度がある。「ボタンの上」→「ボタンの近く」→「画面表示の中」→「線分で指示」の順序である。これに関することが、マッピング（対応付け）である。マッピングは近接効果と関係が深く、第 2 章でも説明した、人間は近くにあるものを関係付けて考える（近接）という認知的な特徴（視覚）をもっている。2 者が対応しているように配置を工夫することを「マッピングを取る」とよばれている。離れていても形の相似形などのように類同を取る方法もある。また、関係のあるものを枠などで囲む閉合を用いて情報の整理を行う。

(8) アイコン

アイコンは、多くのユーザーが共通して抱いているイメージである「メタファ」（隠喩）を活用した代表例で、ピクトグラムとの関係も深い。ピクトグラムの種類には、右折の矢印などの行為や対象物、概念に類似する画像を用いた「類似」、レストランのフォークとナイフの「実例」、ロックを南京錠の絵で示す「象徴」、放射能マークなどの恣意的に決めた「恣意」がある。アイコンでもこの分類が当てはまる。

アイコンは操作に関して直感的に理解できるので、スマートフォンなどの情報端末に多用されている。単純で具体的なものを表すには「類似」、複雑なものは「実例」、定着した容易に認識できるシンボルを表すには「象徴」、基準として用いられるだろうものは「恣意」のアイコンを考慮する。

また、漢字は象形文字なのでアイコンに近い。漢字2文字程度で表記できる場合は、アイコンを使用しない製品も多い。とくに、公共的な端末機では、誰でもわかるアイコンは数が少ないのでその傾向が高い。しかし、個人使用のデジカメなど組込み型の小さい画面のインタフェースデザインでは、多機能なことから、頻度が高くて絵文字として表すことが容易な文字は、省スペース化のためにアイコンが多用されている。

(9) 擬態

最近の表示デバイスの高精細化により、従来の平面的なアイコンから、なじみのあるものをまねる擬態とよばれる立体的なアイコンや道具、機器のデザインが登場している。本物と間違えるような三次元グラフィックスのごみ箱のアイコンであったり、ほとんど本物に見える手帳や目覚まし時計を用いた画面デザインである。実際にあるものを画面の中に表現しているので、ユーザーはどのように使用するかがすぐに理解できるという利点がある。これは「スキュアモーフィックデザイン」とも関係する。

(10) 逆ピラミッド

ウェブサイトのインタフェースデザインにはグーテンベルク・ダイヤグラムがよく使われる。そのほかこれまでに紹介したほとんどの手法が関係するが、特徴的な手法に逆ピラミッドがある。これは、重要性の高いものから低いものの順に表示するという考え方である。逆ピラミッドには、リード（最重要情報）と本文（詳細な情報）からなる。結論から述べ、その後に理由を述べるという順序である。リードだけ読んでも全体が理解できるので利便性が高い。

評価の手法

6.1 ユーザビリティとユーティリティ

ユーザビリティ

ユーザビリティ（usability）とは、日本語で「使いやすさ」を意味する。そこには、操作性（取り扱いのしやすさ）や認知性、わかりやすさ、快適性、心地よさなどの下位概念も含まれる。つまり、人間の心が対象として含まれるため、ユーザビリティを理解するには、心理学的な知識が必要となる。

またユーザビリティの優劣は、製品が人間工学的に使いやすいかを検討するユーザビリティ評価によって判断する。工学分野では、たとえば事故や故障があった際はその原因を究明し、それを取り除くという方法が一般的である。ユーザビリティ評価もこれと同様に製品の使いにくさを問題点として洗い出して、評価・分析し、それらを改善することによって使いやすさを高めていこうという考え方である。その技術分野としてユーザビリティ工学がある[38]。

ユーザビリティ評価によって製品の機能が見直され抜本的な改善になることがあ

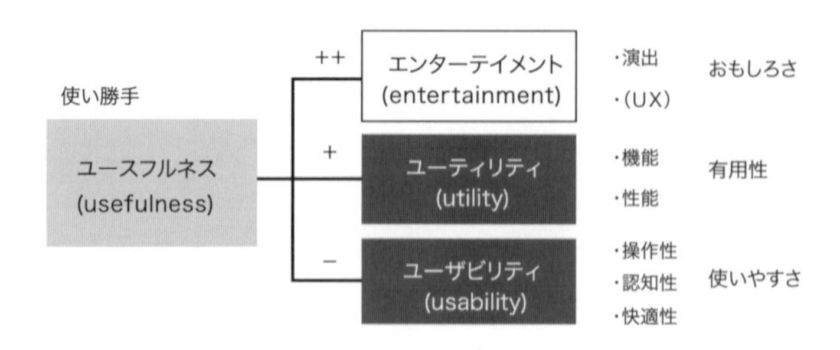

図 6.1　使い勝手を構成する諸要素

る。文字を中心とした画面インタフェース、つまりCUIにおける数々のユーザビリティに関する問題が、グラフィックを主体としたGUIに変わることで、画面が格段に見やすくなったのはその好例である。

製品デザインは、新製品に採用された新しい技術や機能、または新しい考え方（コンセプト）をどのようにして目に見えるもの（形など）に表現するかが求められる。同じように、インタフェースデザインも、使いやすさを向上させる新しい技術や機能、または新しいコンセプトをうまく目に見えるものにするのが大きな役割である。

ユーザビリティ工学を提唱したヤコブ・ニールセン（Jakob Nielsen）は、図6.1に示すユーザビリティをとりまく関係、つまり、ユーザビリティの上位概念としてユースフルネス（usefulness）、そして並列の関係としてユーティリティ（utility）を記している[38]。「usefulness」と「utility」は辞書では両方とも「有用性」とし、ユーザー工学を提唱している黒須正明は、ユースフルネスを「使い勝手」としている[39]。そこで本書ではユーティリティを「有用性」、ユーザビリティを「使いやすさ」とする。

インタフェースデザインの問題点を抽出する評価手法の研究と実践は盛んに行われているが、その後の改善に関する研究はこれからという段階である。この改善がインタフェースデザインの設計論と関係してくる。

ユーティリティ

ユーティリティとは、端的にいうと製品の機能や性能のことである。たとえば、高齢者向けの製品に音声認識の新機能が付くと使い勝手が格段によくなる、といったことである。新しい機能が使いにくさを解決してくれる助けになる。つまり、ユーティリティとユーザビリティは相互補完的な関係である。

図6.2に示すように、マイナスの価値をゼロに近づける考え方（問題解決型アプローチ）のユーザビリティに対して、ユーティリティとは、プラスの価値を積み上げていく考え方（提案型アプローチ）である。したがって、この両者が合算されてはじめて使い勝手が著しく向上することになる。ただし、インタフェースは人

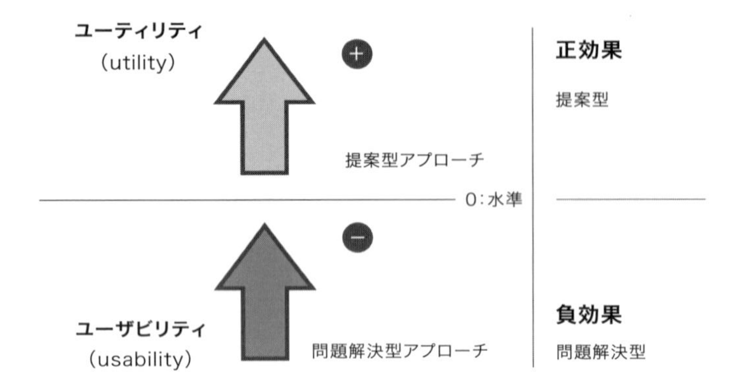

図 6.2　ユーザビリティとユーティリティの関係

間を対象としているので、このユーティリティは人間中心のニーズ志向でなくてはならない。

なお、ニールセンの定義ではユーザビリティにはユーティリティのプラスの方向性は含まれておらず、その意味で、小さなユーザビリティとよばれることもある。一方、ISO9241-11 のユーザビリティの定義では、ユーティリティの概念も含んでいるので大きなユーザビリティとよぶ。このようにユーザビリティの定義には諸説あり、時代とともに変わっていく。

今後は、この枠組みの中にユーザーの価値観や価値意識のような高次の判断体系や感情なども含まれていくであろう。この視点で、酒井正幸らは企業での製品デザイン開発の経験から、ニールセンの図 6.1 に示すユースフルネスを構成する要素に、ユーザーに購入してもらえる製品の魅力を高めるために、プラスの価値の強いエンターテイメントを加えている[3]。これは第 8 章で述べるユーザーエクスペリエンス（UX）とも関係する。

6.2 技術視点のインタフェース

機能や性能を示すユーティリティとユーザビリティとが相互補完的な役割分担をすると使い勝手のよいインタフェースが実現されると述べたが、このユーティリティの背景にあるのは技術である。また、インタフェースデザインは新しい技術や機能、新しいコンセプトを具現化する役割もある。今日のように、技術の進展が著しい時代は、技術的側面から新しいインタフェースデザインの考え方が創出されている。

技術動向

専門書や論文などのインタフェースに関する技術資料から、インタフェースデザインの技術動向を図 6.3 に示すように 4 つのタイプに整理した。ユーザーがシステムや製品を擬人化するという世界観があることがうかがえる。これはインタフェー

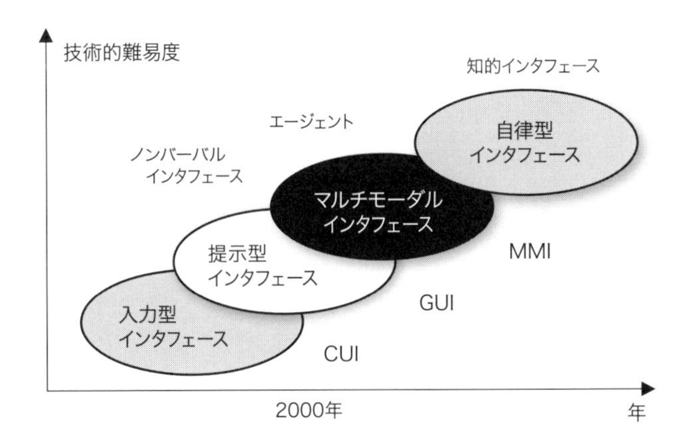

図 6.3　インタフェースの技術動向

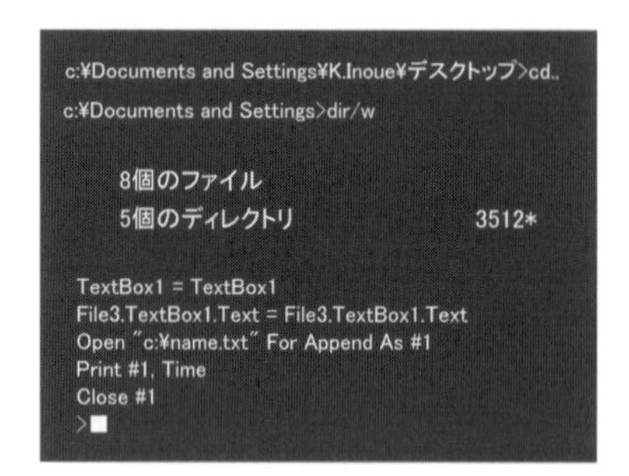

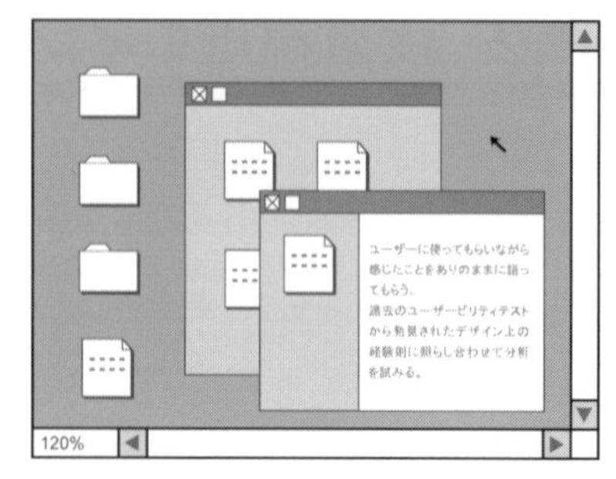

図 6.4　記憶型と再認型

スに限った話ではなく、ロボット研究や人工知能研究、再生医療などにも当てはまる。このことから、今日のインタフェース技術の目標は、近未来にある程度実現が可能と考えられる図 6.3 の右上の知的インタフェースであろう。

入力型インタフェースは、システムが一方的にユーザーからの入力を受けて行動を起こす CUI を代表とするタイプである。この操作は、キーボードを介して命令を与えるというパソコン初期の方式である。ユーザーは操作命令語を一つひとつ覚えなくてはならない「記憶型」の操作方式（図 6.4 左）である。

記憶型の操作方式はユーザーに操作に関する知識（記憶）が求められるので、初心者には敷居の高いインタフェースであった。そこで記憶に頼らない、つまりシステムがユーザーに対してある程度の情報を提示して、ユーザーの入力を待つという提示型インタフェースが登場する。このタイプは多少双方向性をもつインタフェースで、その代表例は GUI である。画面のグラフィックを見て操作する「再認型」の操作方式（図 6.4 右）のため、操作方法はその概念を理解してしまえば記憶に頼ることはないので、初心者にもわかりやすいという長所がある。しかし、CUI と違って操作を手短にできないので熟練者には冗長と感じさせることや、操作が画面に集中した視覚偏重という問題点がある。

人間は情報の約7割を視覚から得ているので、視覚中心のインタフェースとしては意味があった。しかし、パソコンを使用するユーザーが高齢者や障害者にも広がると、この特徴が問題を起こすようになった。その典型例が、視覚障害者には大きな問題となる銀行ATMのタッチパネル画面のインタフェースデザインである。また、パソコン以外の製品などにもGUIが用いられると、画面から必要な情報を読み取る難しさも指摘されはじめた。近年、自動車のカーナビでは走行の安全性から、音声案内の聴覚や、メニュー選択のノブのバイブレーションによる触覚などのデバイスが登場してきている。

マルチモーダルから自立型へ

GUIの課題を解決する有力な候補は、次の段階のマルチモーダルインタフェースである。これは視覚というひとつのモーダルから、聴覚や嗅覚、発話などの複数のモーダルを取り入れたインタフェースである。人間は、目、耳、口、鼻、手など複数のモーダルをもっている。その複数のモーダルを用いて、人と人とのコミュニケーションを行っている。このように、マルチモーダル（Multi-modal）とは、言葉や身振り、表情などを含む人間的なインタフェースである。書き言葉よりも話し言葉を重視する。

インタフェース技術のマルチモーダル化はすでにはじまっている。多くの家電製品は、報知音から音声で操作案内や報知・警告を行っている。また、ウェブインタフェースでも音声読み上げの機能は、視覚障害者向けに早くから開発され、今日ではユニバーサルデザインとして標準化されている。さらに音声インタフェースも登場してきている。他方、今日のスマートフォンなどは標準的にカメラ機能が付いており、カメラは写真撮影だけの用途ではなく製品の目にもなる。カメラ機能を用いて、ユーザーの表情の認識や身振りによる操作の応答、音声とジェスチャー入力の統合などを採用したインタフェースも登場しつつある。したがって、デザイナーはインタフェースに関する技術動向も知っておくことが大切である。

このように、インタフェースのマルチモーダル化は、子どもから高齢者だけでなく、障害をもつ人にも対応できる。社会的に強く求められているユニバーサルデザインの観点からも、従来のGUIからマルチモーダルインタフェースへの流れは加速している。

そして、その後に登場すると考えられるのが自律型インタフェースである。このタイプは、マルチモーダルなインタフェースを前提として、システムがユーザーの操作の予測と推論を行い、自律的に操作の一部を代行する高度な双方向性のインタフェースである。たとえば、1980年代に世界中でブームを巻き起こしたカーアクションドラマ『ナイトライダー』（Knight Rider）に登場する自動車のナイト2000に搭載された人工知能（K.I.T.）で、敏腕刑事の主人公マイケルの犯罪捜査を助ける音声対話できる相棒を実現するインタフェースである。

これは、スマートフォンの音声インタフェースが、クラウド環境のビッグデータと連携すると、その実現はそれほど遠くないかもしれない。また、通信技術と融合した要素技術の開発が盛んな、どこにでもコンピュータが偏在するユビキタスな情報環境ネットワークのインタフェースもその代表例のひとつであろう。ユビキタスなインタフェースとは人間を周囲から支援する考え方であるので自律性は重要な技術的な要素と考える。詳しくは第7章で述べる。

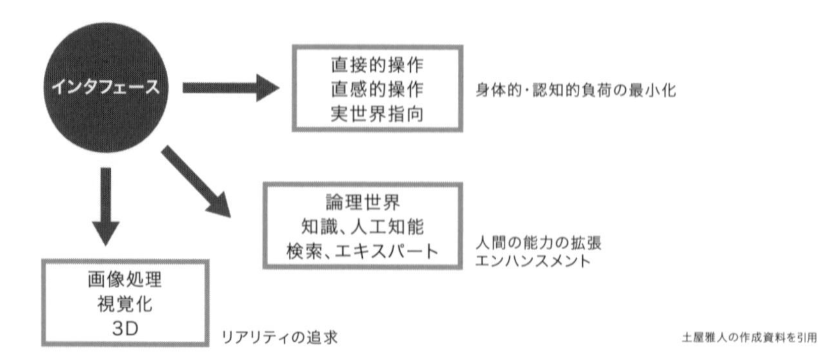

図6.5　WISSにおけるインタフェース技術の進化動向

さらに、1993 年から毎年開催されている日本ソフトウェア科学会主催の WISS（Workshop on Interactive Systems and Software）では、次世代のインタフェースや基礎的な提案も多く行われている。図 6.5 に WISS の研究テーマから見るインタフェース技術の進化動向を示す。

このように、新しいインタフェースデザインを提案する際に、技術動向は無視できない流れである。新しい機能を用いたインタフェースは製品の魅力（付加価値）にもなるため、新製品開発には積極的に採用されるであろう。

6.3 ユーザビリティ特性と評価

ユーザビリティは、ユーザーの視点や発想に立ってシステムやインタフェースの開発・改善を推し進めようとする考え方である。ユーザビリティの著名な研究者であるニールセンは、ユーザビリティの特性を図6.6に示すように、「学習しやすさ」、「効率性」、「記憶しやすさ」、「間違えにくさ」、「主観的満足度」の 5 つの原則として簡潔にまとめている。この原則を満たすものが使いやすいインタフェースデザインとなる。

ユーザビリティ特性

5 つの原則のうち「学習しやすさ」、「効率性」、「記憶しやすさ」の 3 つはひとつのグループとして捉えることができる。「学習しやすさ」の例として携帯電話の誘導概念のコンセプトといった操作の誘導が挙げられる。「効率性」の代表例はショートカットキーであろう。効率を高めるための複数の入力方法が求められる。

1）学習しやすさ（すぐに、そして簡単に使用できる）

システムは、ユーザーがそれを使ってすぐ作業を始められるよう、簡単に学習できるようにしなければならない。

2）効率性（学習後は高い生産性を創出できる）

システムは、一度ユーザーがそれについて学習すれば、後は高い生産性を上げられるよう、効率的な使用を可能にすべきである。

3）記憶しやすさ（簡単に使い方を記憶できる）

システムは、不定期利用のユーザーがしばらく使わなくても、再び使うときに覚え直さないで使えるよう、覚えやすくしなければならない。

4）間違えにくさ（操作ミスやエラーを起こしにくい。起こしても簡単に回復できる）

システムはエラー発生率を低くし、ユーザーがシステム使用中にエラーを起こしにくく、もし、エラーが発生しても簡単に回復できるようにしなければならない。
また、致命的なエラーが起きてはいけない。

5）主観的満足度（ユーザーが満足し、楽しく利用できる）

システムは、ユーザーが個人的に満足できるよう、また、好きになるよう楽しく利用できるようにしなければならない。

図 6.6　ユーザビリティの特性

「記憶しやすさ」と関係するのが直感的なインタフェースデザインで、操作手順がユーザーの体験（メンタルモデル）をもとにデザインされていると新たなことを記憶する必要がない。つまり、すぐにかつ簡単に使用できて、それを一度学習したら何度も使えて、また、しばらく使わなくても再び使うときには覚えなおさなくても使えるという理想形である。この 3 つは簡潔ではあるが、それらを具体的な設計に落とし込むのは簡単ではない。

「間違えにくさ」には、人間なら誰でも引き起こす操作間違いに対応したものである。それには回避と回復の 2 種類の考え方がある。エラーを起こしにくいのが回避で、エラー状態から復帰できるのが回復である。すべてのエラーを想定するのは困難であるので、設計論的には回復が容易なデザインが推奨される。その代表が「戻る」ボタンである。なお、第 5 章で述べたように、エラーには「スリップ」と「ミステイク」もある。

「主観的満足度」は、ほかの 4 項目とは質的に異なっている。使って楽しいものは、ほかの 4 項目に多少の問題があっても使いやすいと、ユーザーは評価してくれるという観点である。これは UX とも関係する。

ところで、この5つの原則はインタフェースデザインを考案するときのガイドラインとしてだけでなく、その評価項目にも用いることができる。たとえば、各社の製品のインタフェースデザインを、5原則を軸とするレーダーチャート（正多角形状のグラフ）で比較することも可能である。

ユーザビリティ評価

5つの原則はあくまでも目標であって、それを実現するにはそれらを満たさない箇所を事前に発見し改善する必要がある。また、新規の開発製品の場合、各段階のプロトタイプで問題箇所の発見が求められる。この問題点の発見に必要なのがユーザビリティ評価である。その手法について、ニールセンは、図6.7に示す「作業の観察」、「シナリオ法」、「思考発話法」、「ヒューリスティック評価法」の4つを提案している。

この4つの手法のうち「作業の観察」、「シナリオ法」、「思考発話法」の3項目はひとつのグループとしてまとめられる。この3項目はユーザー（被験者）が製品を実際に使用して評価する手法である。「作業の観察」は科学的手法の原点と

1）作業の観察	まず黙ってユーザーの行動をじっくりと見てみる。
2）シナリオ法	デザインしているプロトタイプを紙などで表現し、含まれている機能を減らしてみる。
3）思考発話法	ユーザーに使ってもらいながら感じたことをありのままに語ってもらう。
4）ヒューリスティック評価法	過去のユーザービリティテストから発見されたデザイン上の経験則に照らし合わせて分析を試みる。

図6.7　ユーザビリティ評価の手法

いうべきユーザー行動の観察から問題点を抽出するものである。「シナリオ法」は簡単なプロトタイプを制作して問題点を抽出する手法で、科学的な実験に対応する考え方である。「思考発話法」は、使いやすいかまたは使いにくいかはユーザーの心の中にあるため、その操作中の発話から問題点を抽出しようとする手法である。具体的な評価法については次節で解説する。

一方、「ヒューリスティック評価法」は開発者・デザイナーが過去の経験則をもとにする手法で、設計ガイドラインやチェックリストなどを用いる。したがって、製品やプロトタイプがなくても評価ができる。迅速性を考えるともっとも効率がよいので、今日、企業で比較的よく用いられている評価法である。各社オリジナルの設計ガイドラインやチェックリストなどがノウハウとして蓄積されている。

6.4 ユーザビリティ評価の手法

ニールセンの4つの評価手法における代表的なものを表6.1に示す。その中で、「作業の観察」が「行動観察」や「グループインタビュー」、「思考発話法」が「プロトコル解析」、「ヒューリスティクス評価法」が「インスペクション法」にそれぞれ対応する。この3つの評価手法は実践でもよく用いられる。ここでは、とくに使用頻度の高い評価手法について解説する。なお、「行動観察」、「グループインタビュー」、「質問紙」は一般的な手法であること、また「心理実験」と「生理実験」は、使用範囲が限られるため、これらの詳細は専門書にゆずる。

タスク分析

表 6.1　代表的なユーザビリティ評価手法

評価手法	概要	評価場面	データ	長所	短所
行動観察	自然な状況におけるユーザーの観察	日常	行動記録	現場、自然な行動の観察が可能	観察は常に可能とは限らない
グループインタビュー	複数モニターによる議論	日常	インタビュー記録	生の声を聞くことが可能	非系統的であり、定量化不可
質問紙	アンケート調査	日常	アンケート回答	系統的、定量的調査が可能	評価対象を提示できるとは限らない
タスク分析	ユーザー行動を単位動作のシーケンスモデルとして記述	日常、机上	モデル化	仕様書のみでも評価可。定量化可	モデル化に労力を要する
パフォーマンステスト	作業効率に関わる指標の測定	日常、実験	作業履歴記録	自然なデータが収集可能	認知過程のデータは収集不可
プロトコル解析	タスク遂行時のユーザー行動を観察	実験	行動記録	問題点の具体的観察が可能	ユーザーの拘束時間に限りがある
心理実験	記憶、視覚など心理学的課題による調査	実験	実験指標	系統的、統計的分析が可能	調査内容は限定される
生理実験	生理指標の測定	実験	実験指標	客観的データの収集が可能	生理指標解釈の妥当性判断が困難
インスペクション	評価者自身による問題点発見	机上	分析記録	仕様書のみでも評価可。短時間で評価可	評価者の経験必要

黒須正明：インスペクション法の紹介と実習、計測自動制御学会ヒューマンインタフェース部会（1996）より引用

タスク（動作）とは、たとえばカメラで撮影する場合、「撮影モードにする」や「被写体にカメラを向ける」などの行動のことである。基本的にタスクとその目的を定義することから始まり、タスクを行ううえで必要な段取りを明確にすることで分析が行われる。つまり、タスク分析とは、問題点を発見するためにタスクを細かく分解する手法のことである。

タスク分析の優れた点は、直接、ユーザーから要求項目を収集しないで実施できることである。人間の行動は大体予想が可能で、この手法で問題点の多くを抽出できるため、費用対効果がもっとも大きい手法である。

パフォーマンステスト

パフォーマンステストとは、市場の製品や提案のプロトタイプのインタフェースを評価するために、被験者が行った各タスク遂行までの所要時間、熟考箇所やその時間、誤り率などの定量的な指標を計測し記録する手法である。計測の結果、各タスク遂行時間が想定以上にかかった箇所、熟考時間の多い箇所、誤り率の高いところを検討することで問題点を抽出する。

多くの場合は、実験者が実験の記録映像データを読み取るという大変な作業を行うが、パソコン画面の中のプロトタイプやパソコンと連動したプロトタイプの場合、上記の定量的な指標を自動計測し記録するソフトウェアを搭載可能である。

プロトコル解析

ユーザーが使いやすい、または使いにくいと感じる認知的な思考過程は、その頭の中にあるため外部から観測や計測することできない。そのため、ユーザー自らの発話でその内容を表現する以外、方法はない。この発話データをもとに、インタフェースを解析しようとする手法がプロトコル解析である。

今日、上記の理由から人間の思考過程を解析する手法として極めて有力な手法である。とくに、ユーザビリティ評価法として、インタフェースデザイン分野でもっとも広く用いられている。たとえば、まず、製品またはパソコン画面に表示されたデザイン案のプロトタイプを用いて、被験者にいくつかのタスクを遂行させ、その操作過程での自身の思考や意図などを発話（操作後の記憶だと歪むため操作時が重要）してもらい、これを映像録画する。その録画データを時系列的に図表やテキストデータとして書き出して、その分析と考察を行い、インタフェースの認知的な問題点を抽出する。

この手法は定性的な言語記録のため、評価の信頼度は評価者の知識や経験に大きく依存するが、インタフェースの認知的な問題点の抽出には有効な手法である。分析の作業量が膨大であるため、詳しくは後述するが、これに代わる分析法の研究・提案が進められている[40]。

インスペクション法

インスペクション法（inspection method）の代表としては、ニールセンのヒューリスティック評価法（heuristic evaluation）がある。この手法は、過去の経験則やガイドラインと照合しながら問題点を抽出する。特徴としては、被験者を必要とせず、実験者自らが行う。この事例として、図 6.8 に示すデザイナーや設計者が開発の川上で使用するチェックリスト（U-Checker: Usability Self Checker for Designers）がある。詳しい内容は参考文献 [37] にゆずる。なお、図の中の「からだにフィット」「あたまにフィット」「気持ちにフィット」はそれぞれ、第 2 章で説

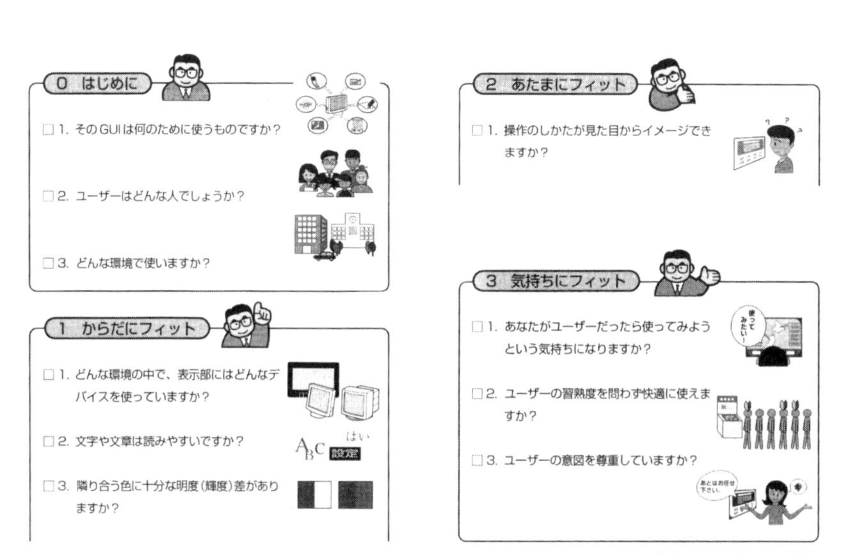

図 6.8　インスペクション法の例

明した物理的インタフェース、認知的インタフェース、感性的インタフェースである。

この手法は開発初期の段階においても容易に評価ができるという利点がある。具体的には、インタフェースの仕様書や簡易モックアップを用いて評価者自らが問題点をチェックする。チェックリストさえあればすぐに評価ができるため、企業の現場でも広く用いられている。また同じような手法として、P.G. ポルソン（P.G. Polson）が提案したコグニティブウォークスルー（cognitive walkthrough）という操作の相互作用の遷移を想像しながら問題発生の箇所を推定する手法もある。

6.5 評価のプロセス

ユーザビリティ評価の各手法が、製品のインタフェースデザイン開発の現場でどのように用いられているかを、企業のデザイン開発部門の事例で解説する。図6.9 に示すように、ある企業では、製品のユーザビリティ向上と開発設計者への啓蒙を目的に、「ユーザビリティワークショップ」という組織的な活動を行っている [41]。この評価プロセスは ISO の人間中心設計の考え方と同じ、図 6.9 内におけるデザインから評価までを繰り返すプロセスである。詳しくは参考文献 [40] にゆずるが、この図の下側の評価プロセスの概略を以下に述べる。

評価用プロトタイプの制作

デザイン案にもとづき、評価用の対象物をプロトタイプとして制作する。そのプロトタイプには、次の 3 種類がある。

(1) シミュレーション画面：パソコンで制作した実物と同等な動きをする。

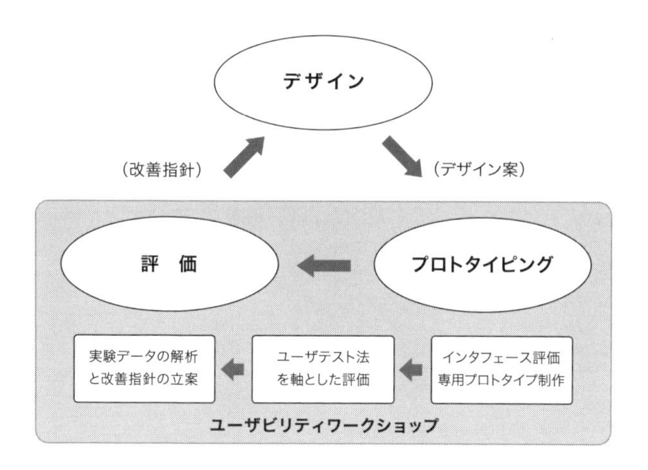

図 6.9　ユーザビリティワークショップ

(2) 原寸大モックアップ：製品外形だけの簡易なものから精密なものまでいくつかの段階がある。

(3) ホットモデル：表示画面やボタンのある動作する試作品レベルのものである。

なお、そのほか特殊なものとして、スケッチや企画書、仕様書などもプロトタイプとして、グループインタビューやインスペクション法で用いられている。

評価実験

次に、被験者にプロトタイプを用いてタスクを実施してもらう。その際の被験者の行動と発話を観察記録（映像録画を含む）するとともに、実験後に主観評価をアンケートで回答してもらう。

データ解析と改善指針立案

そして定量的データ（操作履歴、主観評価）と定性的データ（プロトコル解析など）の解析を行い、問題点を抽出する。さらに、その問題点の原因を考察し、この問題点を解決するための「改善指針」を立案する。このプロセスの中でもっとも重要なのが改善指針の立案である。ユーザビリティ評価実験は改善指針の立案をするために行うといっても過言ではない。評価の有用性は、デザイン案に貢献できる優れた改善指針を立案できるかどうかで決まる。

必要なユーザー評価の人数

ユーザビリティ専門家のニールセンは、ユーザビリティ評価に必要な人数について有名な図6.10の資料を提供している。この曲線から分かるように、被験者数が5名程度で問題の8割は発見されることが示されている。もしも、被験者15名分の予算がある場合は、1回だけ徹底的な調査をやるよりも、その予算を振り分けて小さなユーザビリティテストを多く行った方が、効果が高いことがわかる。つまり、前述の改善の繰り返し後のユーザビリティ評価を行うことで、より使いやすいインタフェースデザインを実現できる。

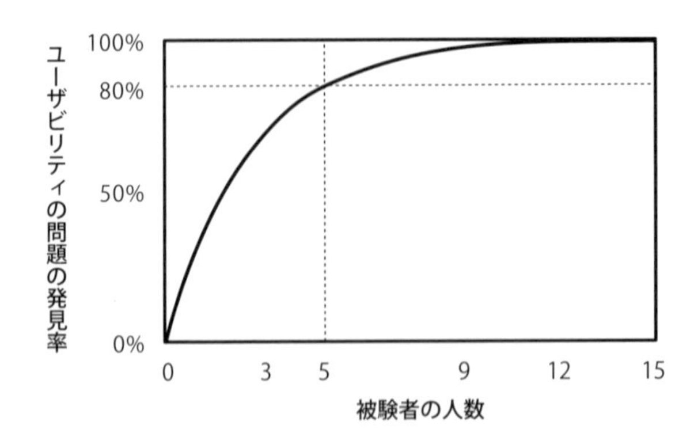

図6.10　評価被験者数と問題発見の関係

(https://u-site.jp/alertbox/20000319)

6.6 ラピッドプロトタイピング手法

多くの評価法は製品やプロトタイプがあることを前提としている。インタフェースデザインの設計ではプロトタイプは必須のツールである。デザイナーが紙とマーカーでスケッチを描いて、アイデア展開の試行錯誤を経てデザインコンセプトを策定したり、デザイン表現を検討するように、インタフェースデザインの設計でも、このスケッチに相当する簡易なツールが求められる。

たとえば、洗濯機の上面にある操作パネルのような表示画面がほとんどないものは、厚紙と筆記用具やパソコンソフトで制作したペーパープロトタイプで検討することが可能である。一方、デジタルカメラやスマートフォン、カーナビ、銀行端末などの表示画面が主体のインタフェースデザインでは、操作画面が遷移できるアドビのフラッシュ（Flash）やマイクロソフトのパワーポイントなどを用いた手法[42]がある。このパワーポイントなどを使った手法をラピッドプロトタイピング手法（著者の YouTube 動画参照）とよぶ。なお、ペーパープロトタイプについては、C. スナイダー（Carolyn Snyder）の著書に詳しく解説されている[43]。

表 6.2 にデジタルカメラを例にパワーポイントとフラッシュとの比較を示す。パワーポイントの特徴は、制作時間が短く分担作業が可能なこと、また評価実験の際にも容易に修正ができる点である。また、豊富なアニメーション機能により簡単に画面チェンジのエフェクト表現や静止画や動画、音楽データなどの外部データを貼り付けられる。フラッシュの特徴は高い忠実性にあり、製品のリアルな挙動をつかむことができるが、パワーポイントと比較すると課題が多い。詳しくは参考文献 [42] にゆずる。

一方、パソコンでプロトタイプが制作できるようになると、操作履歴データを得ることが可能になった。そこでまず、そのデータから求められたのが「タスク所要時間」と「エラー率」である。しかし、それだけではどのタスク（機能）が操作しにくいかどうかの判別しかできない。設計者やデザイナーが知りたいのは、ユー

表 6.2　パワーポイントとフラッシュとの比較

	パワーポイント	フラッシュ
作業時間	短時間に制作が可能	制作に長時間必要
スキル	習得のための特別なスキルが不要	習得に時間が必要
修正	シンプルなページ概念のため、制作者以外でも修正が容易	タイムラインやレイヤーのため、制作者以外が修正するのはやや困難
分担作業	複数のパワーポイントを階層的にリンク可能なことから、分担作業が可能	階層的リンクができないので、分担作業は困難
拡張性	VBAマクロ機能により、機能拡張が可能	スクリプトにより機能拡張が可能
解析	VBAマクロ機能による履歴データを取得可能	不可
評価	エクセルと連携して、パフォーマンステスト解析が可能	表示画面上での評価に限定
互換性	OSがバージョンアップしても、過去のファイルが動作可能	不明

ザーである被験者が具体的にどこで停滞または誤操作しているかである。これまでは、プロトコル解析で得られた膨大な録画映像の解析で停滞と誤操作の箇所を求めていた。しかし、その解析には多大な作業量を伴うという課題があり、被験者数も 10 名以下で統計的な検討もできない。

これを解決する一つの提案として階層グラフ化手法がある[40]。この手法は、操作の実行課題（タスク）を被験者に与え、そのゴールまでの操作履歴を階層的に分析するものである。この手法の特徴は、タスクの最短コースを直線になるように階層を定義してグラフ解析する。図 6.11 にオープンレンジの階層グラフ化分析法の結果例を示す。棒グラフは操作の滞留時間を示している。このグラフから、被験者は操作開始ではゴールとは異なる方向（停滞または誤操作）に進んでいることが視覚的にわかる。そして、途中からゴールにグラフが直線的になっているので、そこまでは間違わないで操作をしていることが判断できる。

このグラフを用いると、統計的な考察が可能な数十名の被験者でも容易に解析できる。つまり、一直線のグラフは停滞または誤操作を起こしていないので、分析の対象から除き、それ以外のグラフの内容を検討する。そして、似たようなグラフをグループ化して、それらがどのような箇所で停滞または誤操作を起こしたかを分析するというプロセスである。

他方、停滞または誤操作を起こしていない一直線のグラフは、棒グラフのデータから熟練者と初心者の操作時間の比率を比較するNEM（Novice Expert ratio Method）[44]で解析すると、どれくらい迅速にタスクを達成したかの指標が求められる。

以上の手法は主に製品のシミュレーション画面（ソフトウェア）のプロトタイプ手法であるが、ハードウェア、つまりホットモックのプロトタイプ手法のツールも提案されている。詳しくは参考文献 [45] にゆずる。なお、これらの手法のエクセルプログラムは、株式会社ホロンクリエイトのウェブサイトから入手できる。また、パワーポイントから操作履歴データを書きだすマクロやホットモックのツールも同サイトにある。また、ホットモック（HOTMOCK）関連の説明動画もある。

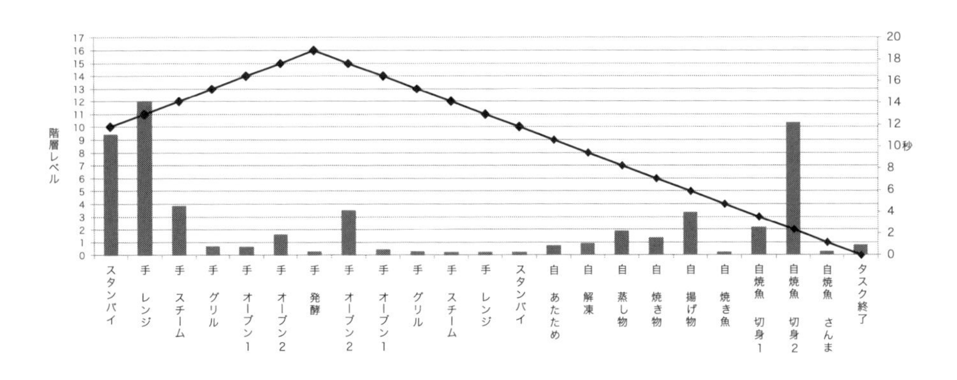

図 6.11　オーブンレンジの階層グラフ化分析法の結果例

7

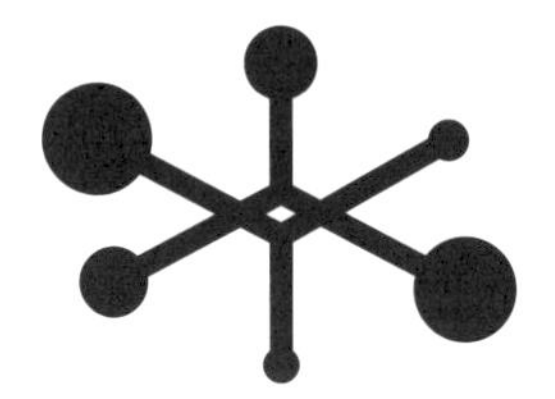

次世代への技術

7.1 ポスト GUI

将来のインタフェースデザインを考えるうえで、その技術動向を知らなくては、設計の方向性を誤ることになる。使いやすいインタフェースデザインを日々研究開発しているだけで、自然と望ましい未来のインタフェースデザインが実現されるわけではない。時としてまわり道をすることもあるかもしれないが、インタフェースデザインをとりまく技術を含めた社会環境の流れの影響を受ける中で向かうべき方向が定まってくる。その中で、これまでの問題を根本から解決してしまう革新的なアイデアや技術も生まれることであろう。そのような状況下で、今日までの主流であった GUI に対して、ポスト GUI というべき新しい流れがすでに始まっている [46]。

GUI の大きな問題点が「視覚への偏重」である。人間は情報の約 7 割を視覚から受け取っているといわれているので、視覚中心のインタフェースとしては意味があった。しかし、パソコンを使用するユーザーが専門家から一般人や障害者にも広がると、あまりにも視覚偏重であるその特徴が問題を起こすようになった。その典型例が、銀行 ATM のタッチパネル画面のインタフェースデザインである。これは視覚障害者にとって大きな問題となっている。パソコン以外の製品などにも GUI が用いられると、画面から必要な情報を読み取ることの難しさも指摘されるようになった。

また、「GUI は画面上の表示だけの受動的なインタフェース、かつユーザーにさまざまな操作や判断を一方的に要求する」という問題もある。そのため、たくさんの機能をもつ製品やシステムでは、ユーザーに多くの操作手続きや知識と判断を要求するため、ユーザーの負荷が大きくなってきている。最近では、これまでのキーボードとマウス、タッチパネルによる主要な入力手段だけでなく、カメラやマイクなどのマルチメディアデータの入力を受け付ける技術も採用されつつある。この問題を解決するひとつの策として、学習するインタフェース技術も登場している。

さらに、「ロジック（論理）と情報中心の処理」という解決するには難しい問題点も挙げられる。これまでのGUIでは感性や情念などはほとんど扱われていない。したがって、次章以降で述べるユーザーエクスペリエンスや感性的なインタフェースの考え方が求められる。

以上のようなGUIの課題をいくつか解決するポストGUIの有力な候補として、マルチモーダルインタフェースや実世界指向のインタフェース、さらにユビキタスなインタフェースがある。それでは、それらのインタフェース技術について個々にその内容を紹介する。

7.2 マルチモーダルインタフェース

今日のGUIの正統な継承者はマルチモーダルインタフェースであろう[47]。なぜなら、視覚というひとつのモーダルから、聴覚や嗅覚、発話などの複数のモーダルを取り入れたインタフェースへの自然な展開が見られるからである。人間は、目、耳、口、鼻、手など複数のモーダルをもっている。その複数のモーダルを用いて、人と人とのコミュニケーションを行っている。つまり、マルチモーダル（Multi-modal）とは、言葉、身振り、表情などを含む人間的なインタフェースである。書き言葉よりも話し言葉を重視する。製品やシステムに目や耳などをもたせることで、それらを能動的に機能させることが可能になる。

インタフェース技術のマルチモーダル化は、確実に進んでいる。多くの住設機器や家電製品は、単音の報知音に替わって、音声で操作案内や報知・警告を発している。もちろん情報機器もその例外ではない。今後は、製品の識別を容易にするために、洗濯機が女性の声、炊飯器が男性の声で応答するというような、より人間的な展開も考えられる。また、ウェブサイトのインタフェースでも音声読み上げの機能は、視覚障害者向けに早くから開発され、今日ではユニバーサルデザインとして標準化されている。また、第4章でも述べたように、ユーザーの音声による操作指示（音声インタフェース）もできるようになってきている。

一方、今日のスマートフォンやタブレット端末、パソコンはカメラ機能が標準装備されている。そのカメラは、写真や動画の撮影やテレビカメラだけの用途ではなく製品の目にもなる。製品に備え付けのカメラ機能を用いて、ユーザーの表情の認識や身振りによる操作の応答、音声とジェスチャー入力の統合などを採用した先行的なインタフェースも開発されており、その一部はテレビ電話などに製品化されている。計測・制御による認識技術の向上に伴い、今後、広い範囲に応用されると期待される。

このように、マルチモーダル化は、子どもから高齢者だけでなく、さまざまな障害をもつ人にも対応可能となるため、社会的に要請の高いユニバーサルデザインの推進からも、GUIからマルチモーダルインタフェースへの流れは加速している。表7.1に両者の比較を示す。マルチモーダルインタフェースの特徴が人間的な傾向をもっているのがよく理解できる。

表7.1　GUIとマルチモーダルインタフェースの比較

GUI	マルチモーダルインタフェース
視覚偏重	聴覚や身体動作を含み全身的
受動的	能動的
デジタルのみ	アナログとデジタルの併用
情報機器単独	民生機器との統合
高価	低価格
膨大な記憶容量	控えめの記憶容量
情報処理中心	新しい応用の可能性

7.3 実世界指向のインタフェース

発達心理学の巨匠であるジャン・ピアジェ（Jean Piaget）やジェローム・ブルーナー（Jerome Bruner）らが述べているように、人間の認知的発達段階は、「身体的 → 視覚的 → 記号的」という流れで、最後の「記号的」が言語や数学の習得となる。つまり、幼児の授乳やよちよち歩きから、目が見えるようになり、そして言葉で話し出し、さらに成長して文章や数学を理解できるというプロセスを示している。一方、コンピュータの発展段階はその逆で、インタラクションデザインが専門の安村通晃が述べるように「記号的 → 視覚的 → 身体的」の順になる。具体的には、コンピュータは記号的なプログラム言語から、視覚偏重のGUI、そして五感を駆使する身体的なマルチモーダルインタフェースなどへと発展していく流れである。

拡張現実感

マルチモーダルインタフェースの身体性とは別の流れがある。それは、2.1節で解説したコンピュータの第2接面を現実の中の実世界にもち出すという実世界指向のインタフェースの考え方である[48]。その考え方を世に出した有名な事例として、デジタルデスクがある。図7.1に示すように、実際の机の少し頭上にカメラ（入力）とプロジェクター（出力）の2つを設置して、机の上の紙に手で書いた文字画像をカメラが読み取り、読み取ったデータを背後のコンピュータで認識処理して、テキストデータとしてプロジェクターを経由して、机の上に投影するというプロトタイプである。

これは、よりリアルな世界をコンピュータの中に構築することでコンピュータ世界での情報のやりとりを豊かにする試みである仮想現実感（VR:VirtualReality）を

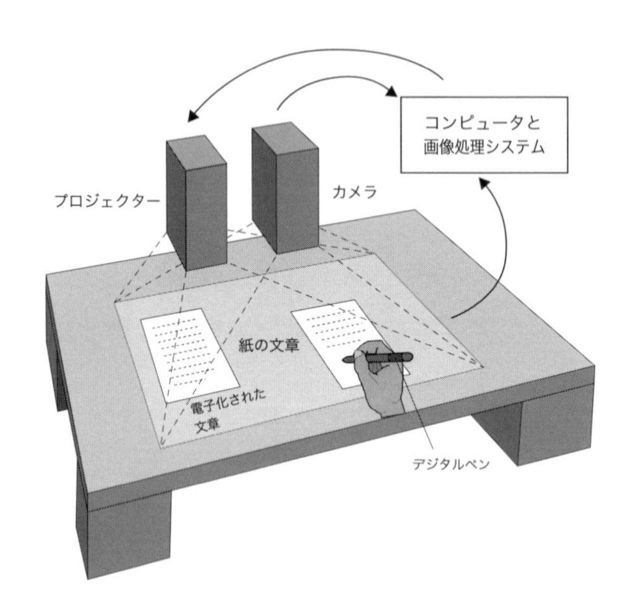

図 7.1　デジタルデスク（紙の書類が対象）

実世界に当てはめた拡張現実感（AR:Augmented Reality）のインタフェースである。つまり、仮想現実感（VR）がコンピュータの中に仮想的な世界をつくり出すのに対し、拡張現実感（AR）は実世界の中にコンピュータの世界を付加し、実世界を「拡張」（Augment）する。

事例としては、コロンビア大学のコピー機「KARMA」が有名である。また、筑波大学の「Navi-View」では、自動車のフロントガラスの世界に画像を入れたもの、また、自動車の死角となるピラーを画面で表すなどの、実世界に仮想世界を重ね合わせる「混合現実感」の実世界指向もすでに提案されている。最近では、スマートフォンを用いた増井俊之による「GoldFish」（金魚すくい）も新しいインタフェースの方向性を示している。

タンジブルユーザーインタフェース

ところで、デジタルデスクには、コンピュータを構成する従来のモニターやキーボードとマウスが存在しない。作業の空間自体がモニターやキーボード、マウスである。投影されたテキストデータの紙面を移動させるには、実際の手で動かせばよいのである。さらに、これを推し進めた、マウスやキーボードでなく実世界のモノを入力装置にしたタンジブルユーザーインタフェース（TUI：Tangible User Interface）の考え方がある。

TUI とは実体をもつデバイスに物理的に触れることにより、操作を直感的に知覚できるインタフェースである。TUI は、GUI によってモニターの中に追いやられてしまった操作感をもう一度人間の手に戻そうとするものである。たとえば、自動車のステアリングなども TUI の一例である。自動車の場合、ステアリングのきり具合が車の曲がり方にダイレクトに反映し、それが直感的な操作性を実現している。これをいかに製品に応用するかについて、マサチューセッツ工科大学（MIT）のメディアラボを中心に研究が進められている。

ウェアラブルコンピュータ

一方、もうひとつの実世界指向のインタフェースとして有名なのが、ウェアラブルコンピュータである。これは、現実の環境から知覚に与えられる情報に、コンピュータがつくり出した情報を重ね合わせ、補足的な情報を与える拡張現実感の代表である。たとえば、超小型のコンピュータを内蔵したジャケットを着て、頭には超小型のモニターを装着し、ジーンズのズボンにキーボード配列パターンが印刷され、カーソルは空間での手の動き、そして音声操作などの極めて身体的なインタフェースが提案されている。

また、グーグルは AR 機能を搭載したメガネ型端末を提案している。この端末は、人間の音声に反応して視界にスクリーンが浮かび上がり、写真やムービーを撮ったり、友人と電話をしたり、その日の天気を調べたりすることができる。このメガネ型端末が契機になって、各社から類似の製品が発売され、多機能型メガネの「スマートグラス」という新しいジャンルが生まれた。カメラや買い物、映画鑑賞、翻訳、心拍数確認など多く機能があるが、特に便利なのが、カーナビのように画面を見る必要もなく、実際の道路の上に方向や距離などを案内してくれる機能と、工事現場または機械などに直接その上に設計図を表示してくれる機能である。インタフェースは画面上のボタン類を人差し指でコントロールする方法である。空間のボタンを押す操作になるため振動などのフィートバックが求められる。

一方、コンピュータと関係するウェアラブル端末としては最も長い歴史があるのが、デジタル腕時計の流れを受けた「スマートウォッチ」である。特に、2015年の「Apple Watch」の発売を契機に、スマートウォッチが一般にも広く知られるようになり、多くのメーカーも参入して市場が拡大した。スマートウォッチの主たる機能として、①メール、電話、SNS通知の受信・返信が可能、②支払いもスマートウォッチで可能、③アプリをインストールすれば健康診断などの機能も追加できる。最大の利点はスマートフォンを出す機会が減ることであろう。主にタッチ操作のインタフェースとなるため、狭い領域でのデザイン的なアイデアが使いやすさに関係する。

7.4 ユビキタスなインタフェース

ユビキタス（ubiquitous）とはラテン語で「遍在」または「いつでも、どこにでも存在する」という意味である。ユビキタスによって、モノとモノ、人と環境の分散協調によるサービスが創出されることが期待されている。ここではユビキタスなインタフェースの本題に入る前に、その導入となるウェブアプリケーションとその背景について触れておきたい。

なお、ユビキタスネットワークのひとつである「モノ」同士がインターネット上で情報交換することで相互に制御する仕組みである「モノのインターネット」（IoT：Internet of Things）が注目されてきている。その実現にはエッジコンピューティング技術が必要になる。

ウェブブラウザの歴史

ブラウザの歴史を振り返ってみると、1994 年にアメリカの Mosaic 社が読み込みながら表示する機能をもつ「Netscape」というブラウザを発売した。1996 年に「Internet Explorer3.0」がマイクロソフトから発売されると、そのほかのブラウザは駆逐された。しかし、2005 年ごろから、FireFox, Safari, Chrome, Opera というさらに洗練され高速に動作するブラウザが登場する。

このとき、ブラウザで利用するものが文書だけではなく、高機能なアプリケーションへと進化した。具体的には、「Googe Map」のように、ほとんどのページがプラグインの JavaScript を使用し、さらに Ajax では、自動的にサーバーと通信をして必要なデータをあらかじめ取ってくる仕掛けから、ユーザーがボタンなどを押したときは、サーバーに通信せずにすぐに画面が切り替わる。つまり、インストールしたアプリケーションのような操作性が実現した。

加えて、アップルのレンダリングエンジンの「Webkit」の登場により、ブラウザの画面デザインは高精細・高度化し、さらに、それは iPhone や iPad の標準ブラウザのレンダリングエンジンなり、パソコン以外の製品でも利用できるようになった。なお、レンダリングエンジンとは、データを読み込んで、そのデータ形式に従ってレイアウトなどを決め、画面に表示するための中核のソフトウェアである。

HTML5 とウェブアプリケーション

1997 年には HTML4 を改定しようという動きが始まり、HTML5 の制定へと向かった。そして 2008 年 1 月に HTML5 の草案（2014 年までの正式勧告）が発表された。2008 年以降に発表されたウェブブラウザの多くは HTML5 に段階的に対応し始めた。HTML5 により、各種プラグインが不要になり動画なども標準仕様になった。したがって、HTML5 は Web2.0 とよぶウェブアプリケーション時代の新しい仕様となった。なお、Web1.0 はユーザーがブラウザ上の情報を閲覧するだけの一方通行であったが、Web2.0 ではユーザーとシステムとの双方向が大きな特徴である。

HTML5 の草案が発表される前年に発売された iPhone は、このウェブアプリケーション時代を表現する製品となり多くの注目を浴びた。そして、2010 年に発売の iPad により本格的にウェブアプリケーション時代に入った。ウェブアプリケーション時代になると、多くのアプリケーションがインターネット上に移動することに

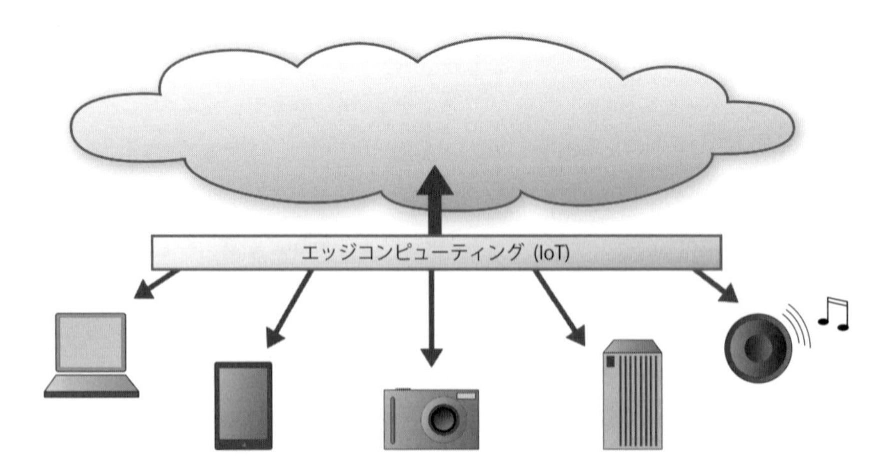

図 7.2 インフラ化するクラウド環境

なる。さらに、アプリケーションだけでなく個人のデータもネット上に保存される。つまり、図 7.2 に示すような、すべての端末がクラウドコンピューティングとよぶ新しい利用形態になった。

有名なウェブアプリケーションとしては、フェイスブック（Facebook）などのソーシャルネットワーキングサービスや、Amazon や楽天などの通販サイト、iTunes に代表される音楽サイトや電子図書がある。また、アップルの iCloud サービスなどでは、ユーザーの画像や音楽データをネット上に保存して、どの端末からでもデータを閲覧、編集、アップロードすることができ、さらに、人とデータを共有するグループウェアのような使い方も始まっている。

このような時代になると、これまでのインタフェースデザインの考え方にも影響を与える。多くの製品がネットとの無線通信環境をもつようになると、ユーザーの操作適性に合った端末のインタフェースのカスタマイズも可能になる。また、好きなキャラクターによるインタフェースデザインもサイトから選ぶことが可能であろう。

一方、今日、ネット上にある多くの便利で楽しいアプリケーションソフトウェア（以降、アプリ）を自由にアクセスして使用することができるようになり、スマートフォンのように表示画面の中のインタフェースデザインも多くのアプリのアイコン配置に一新してきている。デジタルカメラなどの単体の製品にも、ネット接続のための環境としてスマートフォンやタブレット PC などに使用されている Android が採用され始めてきている。そのため、今後の製品のインタフェースデザインはそれらの影響を受けながら展開している。

現在では一般のユーザーもアプリを制作できるので、アプリのインタフェースデザインの使いやすさへの配慮や統一性が担保できるように、アップルは iOS ユーザーインタフェースガイドライン [49] とアプリの開発キットも公開している。

ユビキタス・コンピューティング

1990 年代末に D.A ノーマンが、ハイテク大好き人間の彼でさえ、「パソコンは難しい。使いたくない！」という視点から提唱した考え方が「情報アプライアンス」である。この考え方を著書『Invisible Computer』[50]で紹介した。このタイトルが端的に示すように、見えない、または透明なコンピュータを目指したものである。

あらゆる機能がパソコンに集中してしまったことにより、パソコンは使いにくくなった。多くのシステムにおいて集中から分散へは世の流れなので、パソコンの機能も分散すべきだという視点が情報アプライアンスである。ただ、その分散には人間中心のデザインによって開発される必要があると述べている。この情報アプライアンスの考え方をさらに推し進めるのがユビキタスの考え方である。

ユビキタスまたはユビキタス・コンピューティングという概念を最初に唱えた（1991年）のは、GUIの考え方を生んだことで有名な米国のゼロックスのパロアルト研究所のマーク・ワイザー（Mark Weiser）である。彼は、次に示すように、ユビキタス・コンピューティングを第3の波と位置付けた。第3の波とは、1人のユーザーのまわりを多くのコンピュータが取り囲む、ということである。なお、ノーマンも同じ時期に情報アプライアンスの考え方を、また、日本でも早くから坂村健がトロンプロジェクトで「どこでもコンピュータ」と命名して提案をしている[51]。ちなみに、第1の波は多くのユーザーが1台の大型コンピュータにアクセスすること、第2の波はまさに現在、1人のユーザーが1台のパソコンを利用することである。

つまり、ユビキタス・コンピューティングとは、ユーザーがいつでもどこでも、自分の情報ネットワークにアクセスでき、情報が得られる人間中心のコンピューティング環境であり、コンピュータがどこにでもあるという状況である。具体的には、机や椅子、壁や床などいろんなものにコンピュータが埋め込まれていく。本来のユビキタス・コンピューティングは、高度なコンピューティングを行うものであるが、日用品の中にもコンピュータが埋め込まれていく。そして、さまざまなものが情報発信するようになる。町やオフィス、家庭の中にあるありとあらゆるものが情報発信するようになる。たとえば、財布をなくしたとき、インターネットで探すような時代が到来するのである。

ユビキタス環境

これらの新しい世界は、あくまでも社会的な技術基盤（インフラシステム）が中心の考え方である。そのインフラシステムの上に、どのようなユーザーに対するサービスをつくり出すかは、まだ明確に示されていない。したがって、森博彦が提唱する図 7.3 に示す 3 つのレイヤーの上位から、何が提供されるのかというサービスコンテンツ、それをどのように使うのかというインタフェースを含むインタラクションについての研究が、現在、大学と企業の研究者らにより進められている。

この上位のサービスコンテンツは、これまでのような便利さを求める視点だけではなくて、人々に「幸せ」をもたらす視点が十分でなくては広く普及しないであろう。人々がネットワークで監視されるような冷たい社会でなく、人々が困ったときに助けてくれたり、逆に助けたり、または、さりげなく見守ってくれたり、より幸せな気持ちにさせてくれるような温かい社会を実現するサービスが求められる。

そのインフラシステムの家庭内の事例が日本の大手電機メーカーなどが設立したエコーネットコンソーシアムが提唱しているエコーネットライト（ECHONET Lite）である。これは省エネ住宅で有名なスマートハウス向け制御およびセンサー

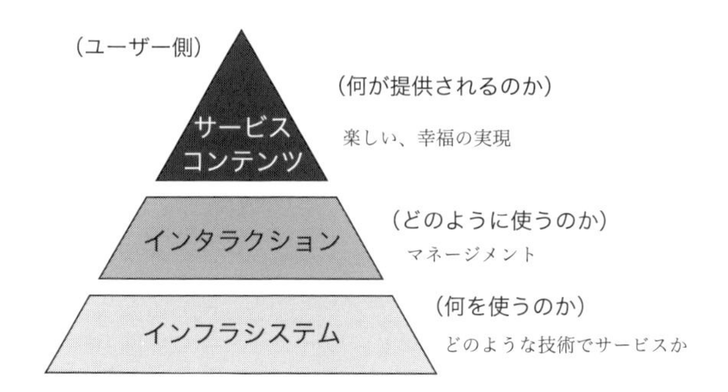

図 7.3　3 つのユビキタス環境のレイヤー

ネットプロトコルで国際標準化にもなっている。また、家電機器の制御を行うためのネットワークから、遠隔操作やガス漏れ通知などのリモート保守も行うことができる。

このシステムでは、たとえば、人がいない部屋は自動的にテレビや照明が消灯し、部屋が寒くなればエアコンが自動的に暖める家電機器が協調したサービスなどが考えられる。しかし、すべてが自動的に操作されるのはユーザーの主体性を奪うことになる。また、すべての操作を多機能リモコンで操作するのもユーザーへの負荷があまりにも大きい。

そこで、配慮の行き届いたコンシェルジュのようなサービスが考えられる。たとえば、ユーザーが帰宅途中であることをシステムがスマートフォンの位置情報から入手して、そこからネットの天気予報の寒波来襲の情報と家内の温度を総合的に判断して、帰宅中の家主に「寒いので部屋を暖めましょうか」という連絡をユーザーに送る。ユーザーが「いいね」ボタンを押すと帰宅時に暖かい部屋が待っているといった状況である。つまり、図7.3のインタラクションが総合的にサービスをマネージメントして、ユーザーに最後の判断を仰ぐというインタフェースデザインの考え方である。

事例としては、パナソニックから発表された「スマート家電」がある。ここで使われているインフラは、ユビキタス主要技術の有力候補である「おサイフケータイ」で使われている近距離通信（NFC : Near Field Communication）とエコーネット（ECHONET）の前身の小電力無線である。スマートフォンに専用アプリを導入し、スマート家電に近づけると、さまざまなネットのデータをやりとり可能となるのを利用している。

たとえば、スマートフォンでネット上の調理メニューを選び、タッチするとレンジの画面で調理モードと調理時間が設定される。健康器具をスマートフォンでタッチすると測定データを吸い上げて記録やグラフ化し、ダイエット中の友達と測定データを共有ができる。小電力無線で、外出先からエアコンの動作状況の確認や操作が行える機能や、消費電力を電気代に換算して確認できるエコ情報など便利な機能を提供している。

このスマート家電のサービスは、便利さや快適さを提供しているだけで、主婦の家事労働のストレス負担軽減にはなっていない。たくさんのエコ情報の提示やネット検索といった管理項目や決断項目が増えており、逆にユーザーのストレスを高めている。主婦はグラフ化したエコ情報ではなく、こうするとエコになるよというエコの知恵が欲しいのである。コンシェルジュ・サービスのように管理決断項目を減らしてくれると、ストレスが減り、そのコンテンツサービスを享受することになり家事労働が楽しくなるであろう。

このように、ユビキタスなインタフェースでは、サービスコンテンツのコンセプトから考えてインタフェースデザインを行わなければならない。そのサービスは、使い古された便利さや快適さを求めるのではなく、新しいユーザー体験を生み出し、その体験から楽しく幸せになるものが希求される。

Web3,0 のインタフェース

Web2.0 の基盤となるクラウド環境は、各種情報を手元の端末に保存するのではなく、共有サーバーに保存するようになった。人とモノだけでなく、モノとモノのインターネット（IoT）が登場すると、データのやりとりには迅速さ（リアルタイム）が強く求められるようになった。自動車の場合はほんの少しのデータの遅延でも事故に結びつく。そこで、ある程度は端末側の環境でデータ処理するエッジコンピューティングが登場した。

Web2.0 のクラウド環境は情報漏洩という大きな問題も発生している。これは、次の Web 3.0 で採用予定の分散型のブロックチェーンの考え方で解決しようとしている。Web2.0 の最大の課題が、この恩恵をすべての人が共有できていない情報格差（デジタル・ディバイド）である。Web 2.0 ではとても便利になった人がいる分だけ、その恩恵から取り残された人との距離を拡大している。

この重要な課題解決が次世代の Web 3.0 に託されている。その解決の一番手に挙げられるのがユーザーインタフェースである。これまでのように人間がコンピュータに合わせる世界ではなく、コンピュータが人間に合わせる世界の到来である。この実現のためのひとつにインテリジェント・ウェブ技術がある。これは「情報リソースに意味（セマンティック）を付与することで、人を介さずに、コンピュータが自律的に処理できるようにするための技術」（1998年、ティム・バーナーズ=リー）である。膨大な情報からシステム側がユーザー側の発話や行動の意味を理解してリアルタイムに的確な対応してくれる。

他方、Web3.0では、OSに依存しないアプリケーションをインターネットから自由にダウンロード可能になるため、デバイスに依存する必要がなくなると言われている。たとえば、スマホはもちろんテレビや電子レンジ、洗濯機などからアプリケーションを起動することも可能になる。このような時代のインタフェースデザインのイメージ例を次に紹介する。

リビングにあるソファーでコーヒーを飲んでいたら、スマートフォンにテレビ電話がかかってきた。リビングに大画面テレビがあると理解したスマートフォンのAIアシスタントは小さな画面では見づらいと判断して、「大画面テレビでテレビ電話しますか？」と助言する。そこでセンサーが組み込まれたソファーのアームレストをタップするとテレビに電源が入り、大画面テレビに電話の相手が映し出される。

あらゆるものがネットにつながるWeb3.0のIoT・ユビキタス時代では、上記に示すようなシーンは現実化しつつある。スマホとソファー、大画面テレビという3つの異なるモノが連携することで、新しい体験のテレビ電話サービスが実現される。このように連携した複数のモノで1つのサービスをコンピュータで実現させようとする考え方が、坂村健から提案されている[52]。これをアグリゲート・コンピューティング（Aggregate Computing）とよんでいる。アグリゲートとは「集める」という意味で、モノとモノを、クラウドを介して連携させることで、つまり、集まったモノが一体となって、サービスを提供できるようにする仕組みである。

8

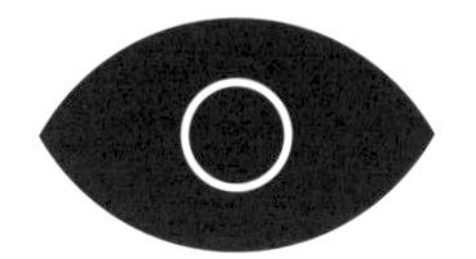

ユーザーの視点

8.1 使いやすさへの3つのアプローチ

実体的アプローチ

従来のインタフェースデザインの設計論は、第2章で述べた認知心理学の考え方を基本にしている。初期の認知心理学では、第3章のヒューマンプロセッサーの例のように、人間を精密なコンピュータのようなものと見なす認知情報処理モデルが想定されていた。そこでは、あらゆる認知過程は、電子回路のような閉ざされた中で処理される、個々の人間の内部のみで発生する事象だと考えられていた。これによって、それまで曖昧で検証が難しかった認知理論の概念や仮説を、厳密に定義することができ、認知科学に大いなる発展をもたらした[53]。

このようなインタフェースデザインの設計論における科学的な立場を「実体的アプローチ」とよぶことにする。その立場では、道具（製品）の使いやすさは、ユーザーの認知心理的な過程を道具の内部構造に反映できる。このことは、より使いやすいインタフェースデザインの製品を提供することで、誰でもが使いやすい製品になるという考え方であり、使いにくさが生じる原因は製品の内部にあるという立場になる。したがって、製品の内部にあるその問題点を取り除けば、疑う余地なく使いやすくなると考える。このアプローチは、今後も継承される考え方である。

状況的アプローチ

実体的アプローチが主流の状況では、人間の認知過程の仕組みを解明することのみが注目され、状況や感情が認知に与える影響が無視されがちだった。しかし、人間はコンピュータではなく、「感情」が存在し、能動的に外界へ働きかけることができる。従来の認知心理学的なアプローチは、外的な要因を含まない知覚や推論、記憶などの認知過程について、ある個体の内的認知過程をモデル化するような場合には適している。しかし現在は認知機能を、今まで軽視されてきた「状況」や感情を加味し、相互作用的なダイナミズムとして捉える機運が高まってきた。

上野直樹は、この状況論の例として、砂漠でオアシスの蜃気楼を見てしまう過程を挙げて、状況と認知の関係を述べている[54]。オアシスを見てしまうのは砂漠での喉の渇きなど、状況に特有の条件があるからで、それらの条件が「見る」という生理的過程を通常となんら変わらないがごとく、実在しないオアシスを見させてしまうと述べている。

実際、高齢者向けに開発したインタフェースデザインの携帯電話を彼らに使ってもらえるかどうかの実験を行った。結果、このデザインは使ってもらえなかった。詳しく分析したところ、道具の使いやすさは、人間の状況や感情が関係していることがわかった。これを「状況的アプローチ」とよぶことにする。そこで、高齢者が携帯電話を使用する際の課題を抽出するために調査実験[55]を行った。具体的には、女子大生らの祖母または祖父に携帯電話を渡して、孫の女子大生に電話や携帯メールの交換をどの程度行えるかを1ヶ月近く実験した結果、約半数の祖母または祖父はある程度電話とメールの両方を使いこなすことができた。彼らは毎日大好きな孫と話やメールができるので、一生懸命、携帯電話の使い方を学んだ。孫と話せるという一念から、高齢者向けの携帯電話でなくてもある程度は使いこなせるようになった。しかし、実験後、すべての高齢者は携帯電話に興味を示さなかった。つまり、携帯電話を使いたいという気持ちや動機づけが喪失したためである。

この状況的アプローチと関連するもうひとつの事例がある。中高年の主婦向けの携帯電話の受容性調査を行った際に、ある特定のデザインの携帯電話をもち歩くだけで、中高年という看板をぶら下げて歩いているみたいで、このような携帯電話をもつ気持ちにはなれないという意見があった。主婦らの気持ちとしては、若い人たちがもっているのと同じデザインの携帯電話をもちたいのである。このことはインタフェースデザインとしても重要な視点を与えてくれる。

生活からのアプローチ

一方、道具の使いやすさは、道具と人間および生活空間の営みの中にあるという「生活からのアプローチ」も小松原明哲から提唱されている。これは、人間行動の中から使いやすさを考え、使用していないときや使おうとしたときの環境にも配慮する立場である。たとえば、空港でケチット発券機を操作しようとしたとき、両手に荷物をもっていたら使えないため、まずは、その端末には荷物を置く棚が必要であるという考え方である（図 8.1）。

エアコンのリモコンが使いたいときにすぐに見つからないという多くのユーザーの

図 8.1　荷物を置く棚のある空港のチケット発券機

不満から、そのリモコンの裏に携帯電話用のストラップが取り付けられる細工を施した事例もある。また、お風呂場でメガネを外したときでも操作できるように、多くの給湯器リモコンのデザインは配慮されている。このように、その使われる環境や使わないときのことも配慮したインタフェースデザインが求められる。これはデザイン開発において、常に考えなくてはならない重要な視点である。

8.2 見た感じ使いやすそうなデザイン

見た感じ使いやすそうな製品デザインやインタフェースデザインは、ユーザーが使ってみたいと思う強い動機づけになる。いかにも見た感じ使いにくそうなものは、購入して使ってみようという感情が起こらない。それが状況的アプローチと関連する。そのため、視覚的に使いやすそうなものは、商品購入を促す重要な要因となっている。アップルの製品もこの視覚的に使いやすそうだと感じさせる工夫をうまく取り入れているといわれている。

実際に、プリンターや携帯音楽プレイヤー、家電製品、AV 機器、携帯電話など製品本体だけでなく、その製品に付随するリモコンの視覚的に使いやすそうなもの、および実際の使いやすさについても調査・研究されている [56,57]。それらを分析したところ、表 8.1 に示すように 10 の原則（著者の YouTube 動画参照）を導くことができる [58]。

まず、製品本体の「シンプルなデザイン」は、アップルのミニマルデザインが使いやすさを表現していると高く評価されていることも、この原則を支持している。この原則は必ずしも実際の使いやすさに直結しないが支持される場合が多い。「見慣れたデザイン」は、認知心理学的にも慣れがわかりやすさを促すことから

表 8.1　見た感じ使いやすそうなデザインの 10 原則

	10原則	実際の使いやすさ
製品本体	(1) シンプルなデザイン	○
	(2) 見慣れたデザイン	△
	(3) まとまり感のあるデザイン	◎
	(4) 操作方法をイメージできるデザイン	◎
リモコン	(1)「文字」「ボタン」「表示画面」「本体」を大きく	◎
	(2) シンプルな凹凸の独立ボタン	◎
	(3) メリハリのあるボタンデザイン	◎
	(4) 用語のデザイン	◎
機能	(1) 単機能な製品では本来機能を表現するデザイン	△
	(2) 機動性重視の製品では機動性をかたちに	○

◎：実際の使いやすさに直結　○：関係あり　△：直結しない　　◎：60％　◎と○：80％

も理解できる原則である。しかし、実際の使いやすさとの関係性は低い。新しいデザインが求められるデザイン現場で適用するには課題のある原則である。

「まとまり感のあるデザイン」は、ゲシュタルト要因からも支持される。その表現のためには、グラフィックデザインの原則（近接、距離、類同、形態、閉合、グループ化、強調、対称、コントラスト、反復、整列など）や、調査から得られた「ほかのノイズをいかになくすかが、隅々まで使いやすさの配慮が施されたデザイン」も求められる。図 8.2（原則 - 3）の iPod に用いられたボタンデザインがこのよい例である。

「操作方法をイメージできるデザイン」は、多機能になると操作に関するデザイン要素が増大するため、その製品の本来機能を使用するという操作行動が一瞬にイメージできるデザインが求められるという原則である。具体的には、調査からの「操作の手順に合わせて配置」（図 8.2 の原則 - 4）や「デザイナーの操作シナリオが、十分予想可能」という手順や、「行動と結果が容易にイメージできること」のアフォーダンスと「操作対象のものが実物と類似」のメタファの活用が求められる。

一方、リモコンの「文字、ボタン、表示画面、本体を大きく」の原則は、デザイン現場でもすでに高齢者向けのデザイン（図 8.2 の原則 - 5）に採用されている。統計的な検定でも確認された原則で、実際の使いやすさにも直結する。

「シンプルな凹凸の独立ボタン」は理想的な原則であるが、デザイン現場での適用となると、この原則に付記される「平面 < 横列 < 連結 < 縦列 < 独立」と「凹凸無 < 複雑な凹凸 < シンプルな凹凸」の順位が設計の知識となる。実際の製品ではスペースの制約が生じるため、トレードオフ（二律背反）を解決する順位となる。なお、実験からこの順位は実際の使いやすさとも一致していた。

「メリハリのあるボタンデザイン」は、ゲシュタルト要因の類同の要因と関係してくる原則である。この強弱には大きさや形状、色彩の 3 種類がある。図 8.2 の原則 - 7 は色彩強弱の例である。なお、実際の使いやすさにも直結する。「用語のデザイン」の中心である便利機能の文字表記は、特徴的な文字表記のため目に付きやすく、手元操作のため、便利機能の内容が視覚的に使いやすそうであると感じさせる効果を助長する。図 8.2 の原則 - 8 の例に示すような便利機能であるので、実際の使いやすさに直結している。

機能として、「単機能な製品では本来機能を表現するデザイン」は、ヘアドライヤーなどの単機能の製品では、たとえば、吹き出し口をラッパ上にするなどの髪の毛がすぐに乾きそうなデザインが求められる。つまり、製品のユーザビリティだけでなく、ユーティリティの使い勝手を表現するデザインが求められる。なお、この原則は必ずしも実際の使いやすさに直結しない。最後の「機動性重視の製品では機動性をかたちに」は、たとえば、図 8.2 の原則 - 10 に示すような携帯音楽プレイヤーの場合、薄型や小型はもちやすさに直接訴求する要素となるので、昔からそれらを表現するデザインだけでなく、技術的にもより薄い製品開発が進められてきている。

以上の原則の内容からもわかるように、画面遷移のある表示画面の中の視覚的に使いやすそうであると感じさせる効果についての原則が少ない。これに関しては、第 9 章で説明する直感的なインタフェースデザインと関係する。

【原則 - 3】
製品本体 - 3
まとまり感のあるデザイン

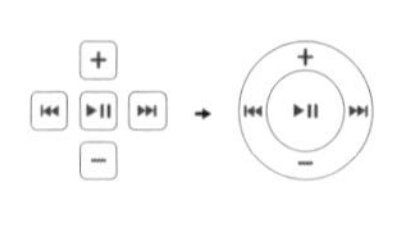

同じ構成要素でありながら右側の方がまとまり感がある

【原則 - 4】
製品本体 - 4
操作方法をイメージできるデザイン

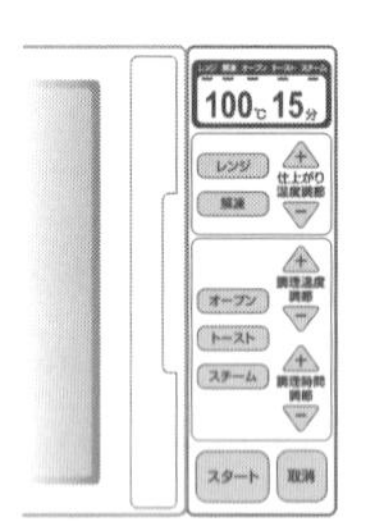

左から右に、上から下に操作していく

【原則 - 5】
リモコン - 1
「文字」「デザイン」「表示画面」「本体」を大きく

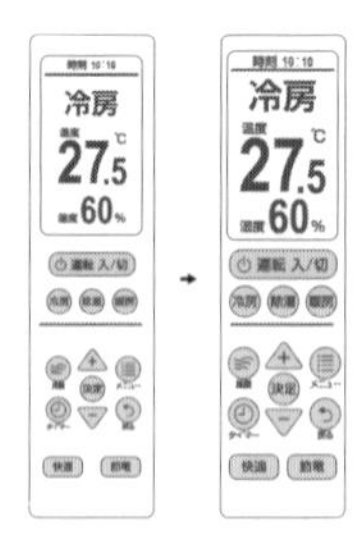

各要素を大きくする

【原則 - 7】
リモコン - 3
メリハリのあるボタンデザイン

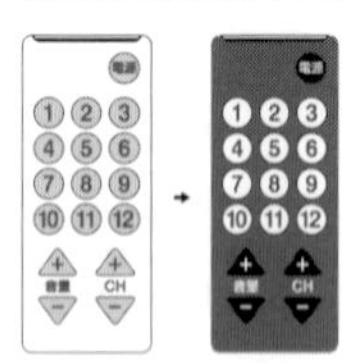

同じ構成要素でありながら右側の方がメリハリがある

【原則 - 8】
リモコン - 4
用語のデザイン

機能を示す「用語」の分かりやすさに差がある

【原則 - 10】
機能 - 2
機動性重視の製品では機動性をかたちに

図 8.2　見た感じ使いやすそうなデザインの 10 原則（一部の説明図）

8.3 ユーザーエクスペリエンス

アップルのiPhoneやiPadのヒットなどから、ユーザビリティやユーザーエクスペリエンス（UX: User experience）が広く注目されるようになった。そのため、今日、多くのメーカーやシステム開発企業では、自社製品のユーザビリティとユーザーエクスペリエンスを高めて競争力を強化することを目指している。

ユーザーエクスペリエンスとは、一般的には、製品やサービスを「どのように使われるのか」という視点で捉えた考え方を指す。製品やサービスを使った際のユーザビリティ、楽しさ、満足感、感動などを示す用語である。つまり、使うことで新しいわくわくするような体験ができることを示している。

ITの分野では、コンピュータの使い勝手（ユーザビリティ）以外にも、ウェブサイトを使うこと自体に、「楽しい」「うれしい」という体験ができるようにデザインすることで、そのサイトへのリピート率が上がり、ビジネス的に有利になることからその導入が著しい。W. アイザックソンの『スティーブ・ジョブズ』[2] の中でもUX（本文中では「ユーザー体験」と訳されている）は頻繁に登場する。

このユーザーエクスペリエンスという概念は、認知心理学者で著名なD.A. ノーマンが、ヒューマンインタフェースやユーザビリティよりも幅広い概念を示すためにつくられた言葉が由来とされている。ニールセン・ノーマングループのコンサルティング会社のサイト [59] において、自ら定義しているユーザーエクスペリエンスの第1要件は、「混乱や面倒なしで顧客の的確なニーズを満たすこと」である。問題の第2要件は、「楽しさ」（原文ではjoy）を生み出す「簡潔さと優雅さ」（simplicity and elegance）と記している。つまり、ユーザーに新しい有意義な体験を与える方法は、簡潔で優雅でなければならないとノーマンは定義している。

その定義の後半は、「真のユーザーエクスペリエンスは、顧客が欲しいと言うものを与えることや、チェックリストに載っている機能を提供するだけでは十分ではない。提供するサービスや商品において、クオリティの高いユーザーエクスペリエンスを実現するためには、多角的な専門分野のサービスのシームレスな結合が必要である。それらの分野とは、エンジニアリング、マーケティング、グラフィックデザイン、インダストリアルデザイン、インタフェースデザインである。」と結んでいる。

この内容からわかるように、インタフェースデザインの設計論だけでなく商品開発全般を示す内容である。そのため、マーケティングの分野でも、ユーザーエクスペリエンス自体に経済的価値があるとして、バーンド・H・シュミットらが「経験価値」という概念も提唱している。これは、従来のマーケティングが見落としてきた、顧客のさまざまな経験から得られる感覚的、肉体的、情緒的価値に訴えるものに焦点をあてている。これは感性工学とも関係する[60]。

第1章で述べた人間中心設計のISO 9241-210でも、図8.3左に示すようにUXを定義している。また、米国の科学コンピューティング協会（ACM）では、図8.3右に示すように、UXを「機能」、「ユーザビリティ」、「楽しさ」の3要素からなるピラミッド構造で説明している。ACMのモデルにおける機能とは、ユーザーがシステムを利用する際の直接的な相互作用の内容を指す。具体的には、動作や表示内容、音、振動、デザインなどで、ユーザーインタフェースもここに

製品、システムまたはサービスに対する使用、および／または、使用を予想した時の、人の知覚と反応

［注釈1］
UXは、使用前、使用中、使用後に発生する、ユーザーの感情、信頼、嗜好、洞察、身体的および心理的な反応、態度、達成感のすべてを含む。
［注釈2］
UXは、ブランドイメージ、見た目、機能、システム・パフォーマンス、双方向システムにおける双方向な振る舞いおよび支援機能、体験前に生じたユーザーの内的および身体的状態、態度、能力と個性、利用のコンテクスト（脈絡）、の結果である。
［注釈3］
ユーザーの個人的目標の視点から解釈した場合、ユーザビリティは、UXに伴うことが典型的であり、知覚的および感情的な側面を含むことができる。
ユーザビリティの基準で、UXの側面を評価することができる。

（出典：ISO 9241-210:2010（ITRによる和訳））

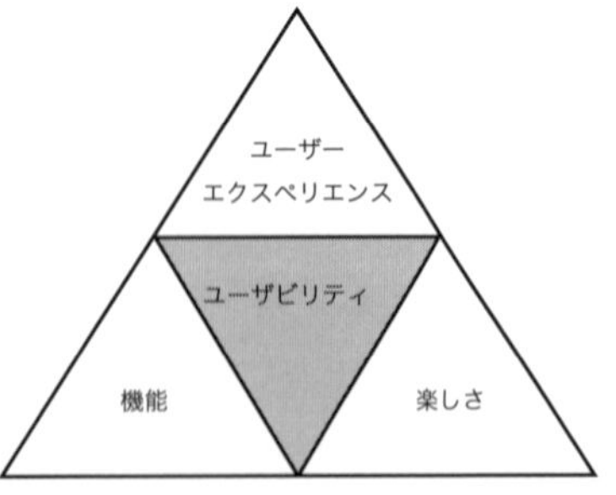

（出典：ACM（the Association for Computing Machinery））

図8.3　ISO 9241-210のUXの定義とACMによるUXのピラミッドモデル

含まれる。

そして、ユーザビリティは、機能がユーザーにもたらす有効性や操作性、満足度、視認性、効率などである。3番目の満足度では楽しさが重要で、この楽しさとは「システム使用前と使用中、使用後のユーザーの感情、身体的・心理的な反応、態度、達成感などを意味する」である。このように、UXをユーザビリティの上位に来る概念であると位置づけている。

一方、UX研究専門家の安藤昌也は、UXはユーザーの主観的なものであり、そうしたユーザーの主観的な体験を考慮して、サービスや製品をよりよい体験を実現できるものにすることがユーザーエクスペリエンスデザイン（UXD）と述べている。さらに、2010年にドイツで30人の専門家を集めたワークショップでUX白書が公開された。その中で、図8.4に示すUXの期間（異なる期間で生じる内的なプロセス）を提案したことが注目されている。この期間を提言したことでUX研究のアプローチ方法が明示されたと考える。

多くの定義の中で最も分かりやすいと言われているハッセンツァール（Hassenzahl/2006）の定義がある。特にその中で優れた内容が、製品の性質を実用的属性と感性的属性に分けることを提案している。実用的属性とは、ある目的をいかに容易に達成するかというユーザビリティに関係している属性で、感性的属性とは、魅力、信頼感、満足感などのユーザーの心の中に関係している。以上のように、UXには4つの期間があり、2つの属性があると分類することで、その複雑な内容がやや明確になったと言える。

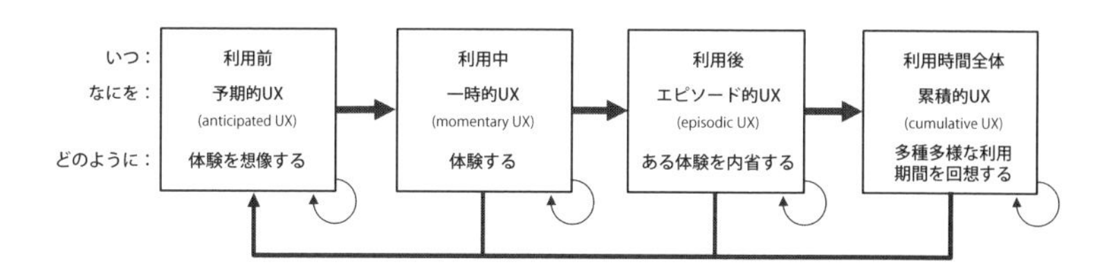

図 8.4　ユーザーエクスペリエンス期間と種類　（UX 白書、2010）

UX 解析手法

UX の手法はカスタムジャーニーマップやペルソナ・シナリオ法などの定性的な分析法が中心で、多変量解析などのデータ解析法を用いた定量的手法はほとんどない。その少ない中で、体験を想起する心理測定法を用いた顧客満足度分析（CS 分析）を応用した UX のデータ解析法（CXS 分析）を紹介する。

この解析法では、図 8.4 に示す UX 白書の最初の利用前の体験を想像する期間（予期的 UX）を用いている。この期間では、ユーザーは過去の記憶と経験の推論に基づいているため、不確実な証拠から推測される新しい心理測定法（〜そう）を採用している。

分析方法は、ハッセンツァールの実用的属性と感性的属性の各グループの評価項目を抽出し、それらと商品サンプルを用いてユーザーに前述の心理測定法を用いてアンケート調査を実施し、さらに、その回答結果に CS 分析を適用する。この CS 分析でハッセンツァールの実用的属性と感性的属性に大きく貢献する評価用語を明らかにする。なお、この CS 分析からポートフォリオのマップ（横軸：重視度、縦軸：満足度）が求められるため、サンプルの各社のポジショニング分析も可能で、各社の UX を高めるのに必要な評価用語が明らかになる。なお、CS 分析に 2 種類の属性を取り入れた分析法を CXS 分析（Customer Experience Satisfaction Analysis）とよぶ。

この具体的な分析内容を女性用鞄デザインの事例で説明する。大手通販サイトから 60 サンプルを選別し、ラダリング調査で 13 の評価用語を抽出した。実用的属性は、「取り出しやすそう⇔〜そうでない」、「長持ちしそう⇔〜そうでない」など 6 語、他方、感性的属性（反対語省略）は、「愛着が持てそう」、「人目を引きそう」など 5 語、そして、目的変数の総合満足度は、それぞれ「使いやすそう」と「楽しい気分になりそう」である。

この 13 個の評価用語に対して、女性 37 名の被験者に 5 段階評定尺度法（ネット調査）で回答してもらい CXS 分析を行った。その結果を図 8.5 に示す。図の横軸の各重視度は各総合満足度を目的変数でそれ以外を説明変数として重回帰分析で求められた偏相関係数の偏差値（0 ～ 100％に変換）である。図の縦軸は各説明変数の平均値の偏差値である。図の第 1 象限が「重点維持項目」、第 2 象限が「維持項目」と反時計回りで、「改善項目」、「重点改善項目」である。まず、重視度が高いのに満足度が低い右下の各「重点改善項目」を改善することで各属性は向上する。実用的属性は「持ちやすそう」で、感性的属性は「人目を引きそう」と「愛着が持てそう」が重要な改善対象になる。

しかし、この結果が示されたとしても、各社が取りうる具体的な方策を示してくれない。そこで、各社のポジショニング分析でその方策が明らかになる。例として、サンプル番号 8 の会社（以降、A 社）のポジショニング分析をマップ上に布置したのが、図 8.5 の中の三角印である。なお、重視度は同じで、満足度を A 社の各平均値を用いて布置した。上方向の矢印から、A 社は実用的属性で「持ちやすそう」は他社の平均よりも高いが、「重点改善項目」内にあるので、さらに改善が必要である。感性的属性では優先度が第 1 位の「人目を引きそう」が比較的高い満足度であるが、「愛着が持てそう」が他社平均よりもかなり低い。この結果から、「愛着が持てそう」を最優先改善項目として、さらに「人目を引きそう」を

8

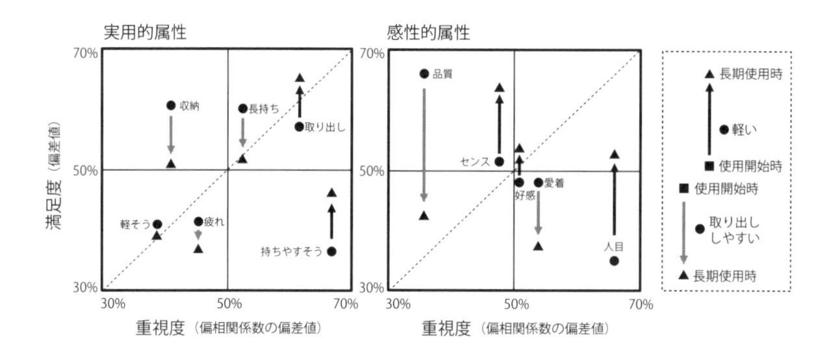

図 8.5　CXS 分析結果のポジショニング（▲：サンプル 8 番）

改善する方策が示された。

ところで、ポジショニング分析は、図8.4に示す利用中（予期的UX）と利用後（エピソード的UX）の上下位置で比較することができる。つまり、長期の使用経験が正負に効果があるかを検証できる。使用開始時と長期使用のユーザーの評価比較をポジショニング分析で行った結果、たとえば、図8.5右端に示すように、長期使用したら更に軽く感じた正の効果（上矢印）の場合と、最初は取り出ししやすかったのが長期使用していたら違っていたという負の効果（下矢印）が見出された。また、経験を積むとより高いレベルを要求する事例もあった。

構造化シナリオ法

4つの期間があるUXは時間軸を考慮する必要があるので、ユーザーの行動を具体的にストーリー化することで、シーンごとの感情・潜在的な価値・欲求を分析するシナリオ法が適している。シナリオ法には問題解決型とビジョン提案型がある。デザインという視点から後者の構造化シナリオ法を紹介する。

構造化シナリオ法の大きな特徴は、3種類のシナリオを上位から下位に構造化して作成する点である。上位のシナリオは、①体験価値を記述する「バリューシナリオ」で、中位は②ユーザーの行動と行為を記述する「アクティビティシナリオ」、下位は③操作を記述する「インタラクションシナリオ」である。このように3段階でシナリオを書き分けることで、それぞれの段階で、アイデアの評価と修正の反復のプロセスを行うことが容易になり、徐々に上位のビジョンから具体的な仕様内容を詳細に記述できる。また、目標とするUXをシナリオとして表現することで、体験を表現する技術やアイデアなどを自由に発想することができる。したがって、より独創的でイノベーティブな製品やサービスを検討しやすくなる。

この3段階でインタフェースデザインと直接関係するのが「インタラクションシナリオ」である。そのシナリオを作成するためには①と②の段階が必要となる。図8.6の看護師の行う点滴に代表される輸液による治療法の事例では、看護師と病院

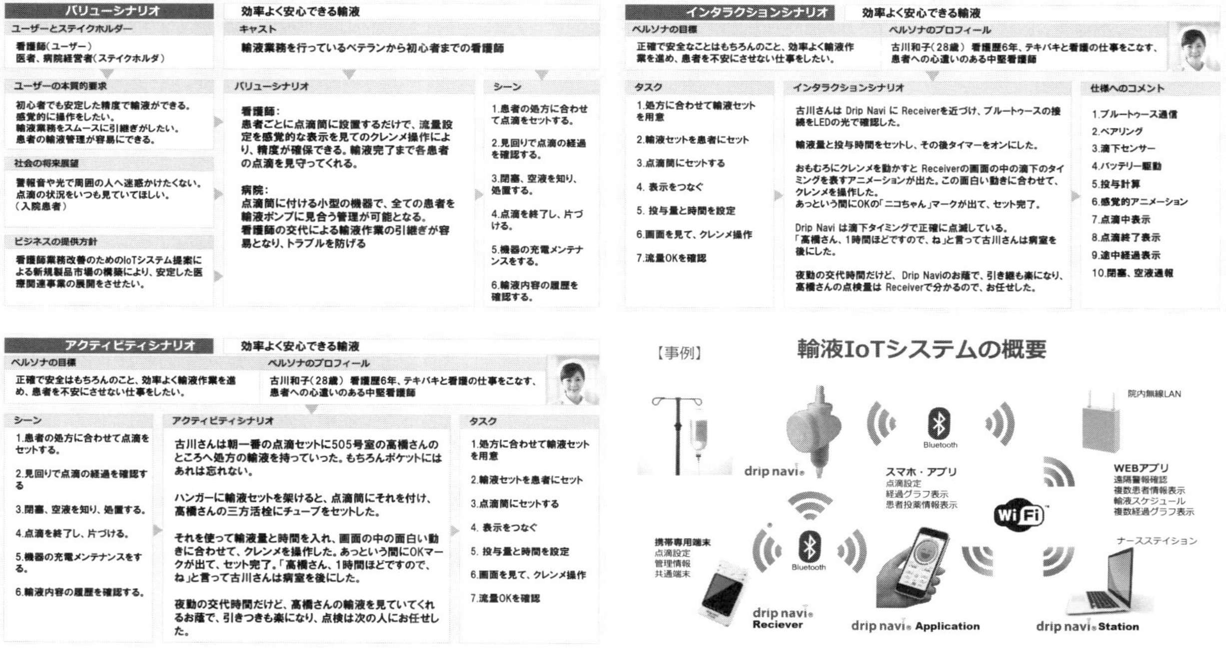

バリューシナリオ　効率よく安心できる輸液

ユーザーとステイクホルダー

看護師（ユーザー）
医者、病院経営者（ステイクホルダ）

キャスト

輸液業務を行っているベテランから初心者までの看護師

ユーザーの本質的要求

初心者でも安定した精度で輸液ができる。
感覚的に操作をしたい。
輸液業務をスムースに引継ぎがしたい。
患者の輸液管理が容易にできる。

社会の将来展望

警報音や光で周囲の人へ迷惑かけたくない。
点滴の状況をいつも見ていてほしい。
（入院患者）

ビジネスの提供方針

看護師業務改善のためのIoTシステム提案による新規製品市場の構築により、安定した医療関連事業の展開をさせたい。

バリューシナリオ

看護師：
患者ごとに点滴筒に設置するだけで、流量設定を感覚的な表示を見てのクレンメ操作により、精度が確保できる。輸液完了まで各患者の点滴を見守ってくれる。

病院：
点滴筒に付ける小型の機器で、全ての患者を輸液ポンプに見合う管理が可能となる。
看護師の交代による輸液作業の引継ぎが容易となり、トラブルを防げる

シーン

1.患者の処方に合わせて点滴をセットする。
2.見回りで点滴の経過を確認する。
3.閉塞、空液を知り、処置する。
4.点滴を終了し、片づける。
5.機器の充電メンテナンスをする。
6.輸液内容の履歴を確認する。

インタラクションシナリオ　効率よく安心できる輸液

ペルソナの目標

正確で安全なことはもちろんのこと、効率よく輸液作業を進め、患者を不安にさせない仕事をしたい。

ペルソナのプロフィール

古川和子（28歳）　看護歴6年、テキパキと看護の仕事をこなす、患者への心遣いのある中堅看護師

タスク

1.処方に合わせて輸液セットを用意
2.輸液セットを患者にセット
3.点滴筒にセットする
4. 表示をつなぐ
5. 投与量と時間を設定
6.画面を見て、クレンメ操作
7.流量OKを確認

インタラクションシナリオ

古川さんは Drip Navi に Receiverを近づけ、ブルートゥースの接続をLEDの光で確認した。

輸液量と投与時間をセットし、その後タイマーをオンにした。

おもむろにクレンメを動かすと Receiverの画面の中の滴下のタイミングを表すアニメーションが出た。この面白い動きに合わせて、クレンメを操作した。
あっという間にOKの「ニコちゃん」マークが出て、セット完了。

Drip Navi は滴下タイミングで正確に点滅している。
「高橋さん、1時間ほどですので、ね」と言って古川さんは病室を後にした。

夜勤の交代時間だけど、Drip Naviのお蔭で、引き継も楽になり、高橋さんの点検量は Receiverで分かるので、お任せした。

仕様へのコメント

1.ブルートゥース通信
2.ペアリング
3.滴下センサー
4.バッテリー駆動
5.投与計算
6.感覚的アニメーション
7.点滴中表示
8.点滴終了表示
9.途中経過表示
10.閉塞、空液通報

アクティビティシナリオ　効率よく安心できる輸液

ペルソナの目標

正確で安全はもちろんのこと、効率よく輸液作業を進め、患者を不安にさせない仕事をしたい。

ペルソナのプロフィール

古川和子（28歳）　看護歴6年、テキパキと看護の仕事をこなす、患者への心遣いのある中堅看護師

シーン

1.患者の処方に合わせて点滴をセットする。
2.見回りで点滴の経過を確認する
3.閉塞、空液を知り、処置する。
4.点滴を終了し、片づける。
5.機器の充電メンテナンスをする。
6.輸液内容の履歴を確認する。

アクティビティシナリオ

古川さんは朝一番の点滴セットに505号室の高橋さんのところへ処方の輸液を持っていった。もちろんポケットにはあれは忘れない。

ハンガーに輸液セットを架けると、点滴筒にそれを付け、高橋さんの三方活栓にチューブをセットした。

それを使って輸液量と時間を入れ、画面の中の面白い動きに合わせて、クレンメを操作した。あっという間にOKマークが出て、セット完了。「高橋さん、1時間ほどですので、ね」と言って古川さんは病室を後にした。

夜勤の交代時間だけど、高橋さんの輸液を見ていてくれるお蔭で、引きつきも楽になり、点検は次の人にお任せした。

タスク

1.処方に合わせて輸液セットを用意
2.輸液セットを患者にセット
3.点滴筒にセットする
4. 表示をつなぐ
5. 投与量と時間を設定
6.画面を見て、クレンメ操作
7.流量OKを確認

【事例】　**輸液IoTシステムの概要**

drip navi®
Bluetooth
院内無線LAN
スマホ・アプリ
点滴設定
経過グラフ表示
患者投薬情報表示
WEBアプリ
遠隔警報確認
複数患者情報表示
輸液スケジュール
複数経過グラフ表示
Wi Fi
携帯専用端末
点滴設定
管理情報
共通端末
Bluetooth
ナースステイション
drip navi® Reciever
drip navi® Application
drip navi® Station

図 8.6　構造化シナリオ法の事例（輸液の IoT システム）（株式会社トライテック提供）

側にとって理想的な輸液治療がどのような内容であって欲しいか本質的欲求（誰でも安定した精度で輸液量の設定可能や看護引継ぎを輸液でも迅速になど）を①の段階で記述してある。②の段階では、特定の看護師のプロフィールを設定（ペルソナ）して、本質的要求を満足する看護師の体験のシナリオである具体的行動を記述し、③の段階ではインタフェースの対話のデザインと表現のデザインが記述される。つまり、流量設定や点滴筒への取り付け、Drip Navi 端末画面の具体的な表現デザインなどである。Drip Navi 端末のデザインだけでなく、スマホやパソコンの端末間の連携（IoT システム）で、看護師にとって従来の熟練をベースにした輸液治療とは異なる理想的に近い新しい体験の輸液治療システムが実現した。

以上を踏まえてまとめると、ユーザーの体験すべてをUXの過程とし、ユーザーが、①特定の製品を所有したいと思うこと、②使用して楽しくうれしいこと、③これまでなかった体験ができること、④廃棄する際にまた同じものを購入したい、というプロセスと考える。このように、製品に対するあらゆる段階でユーザーがどのように評価し行動するかを、開発段階から想定してデザイン・設計すれば、ユーザーが期待する UX を提供できると考える。

ユーザーが体験するすべての過程を設計するには、デザインコンセプトからすべてのプロセスを考える必要がある。そのため、商品開発デザインの現場では、前述したプロトタイピング手法だけでなく、文化人類学や社会学におけるフィールドワークから社会や集団を調査する手法である「エスノグラフィー」の応用や、仮想の人物（ペルソナ）を想定し、その仮想人物に沿ったシナリオを作成する手法である「ペルソナ法」などを組み合わせた総合的なデザインの視点が欠かせない[45,61]。

8.4　学習するインタフェース

ユーザーのシステムに対する習熟度によってユーザーのメンタルモデルは変化するため、そのときどきのメンタルモデルをシステムが推定し、ふさわしい表示を行う学習するインタフェースの研究が進んでいる。これまでのインタフェースはユーザーからシステムに歩み寄っていたが、システムがユーザーの行動を学習して提示するため、システムからユーザーに歩み寄る新しい視点のインタフェースである。そのため、ユーザーの負担が軽減されるだけでなく、システムが学習で少しずつ変化するので、使っていて楽しいインタフェースが実現する。

まず、簡単な学習するインタフェースの例として、頻度の高い用語を候補リストの上位に表示するワープロソフトの辞書の学習機能が有名である。そして、最近のスマートフォンなどに採用されているものはさらに高度になっている。その有名な例として増井俊之の「POBox」がある。これは「かな漢字変換」における予測とあいまい検索を用いている学習するインタフェースである。

これは一文字ずつ入力すると、次から次へと過去の操作履歴から、その候補を予測して提示するインタフェースである。スマートフォンではさらに機能が充実してきている。単純な作業の繰り返しを効率よく行えるように考えられた予測・例示するインタフェースは、ユーザーの行動履歴から嗜好や次の行動を予測・例示するインタフェースへと進化しつつある。

一方、今日、スマートフォンなどの携帯情報端末は、場所と位置、ネットワークのメンバーなどの環境の情報を認識でき、ユーザーがある状況でどんな操作をしたかを、ネットワークを通じて逐次データベース化する。次に、現在の状況と同じかまたは似た状況の操作履歴から、次の操作を予測しユーザーに提示する。また最近の履歴を用いることで、ある一連の操作指示を簡単な操作で行うための設定を支援し簡単な操作をもたらすシステムのインタフェース、つまり行動蓄積するインタフェースが登場してきている。

学習するインタフェースとして、予測・例示するインタフェースと行動蓄積するインタフェースについて述べたが、もうひとつのタイプのインタフェースがある。それが適合型インタフェースである。このインタフェースは、ユーザーの特性を何らかの方法で検出して、それぞれに応じて挙動を変えるインタフェースの考え方である。たとえば、ユーザーが子どもや高齢者であったら、その特性を判断して、それぞれ異なったインタフェースデザインを提示するという考え方である。また、難しければ難易度を落としてくれる適応的なインタフェースをもっているゲーム端末もある。

一方、ウェブのインタフェースでもこの兆候がある。それが、パーソナライゼーションである。そのもっとも古く代表的なのが、1998 年に登場した「マイ・ヤフー」である。ヤフー（Yahoo）がもつニュース情報から音楽や旅行、株価の情報などの独立の情報を個人の好みによって整理して、優先的に表示するコンテンツのインタフェースである。また、グーグル（Google）や日本の検索サイトのグー（Goo）では、普段からニュースのページをクリックしていると履歴が蓄積されて、ユーザーの嗜好が絞り込まれ、徐々にユーザーに適合すると考えられるニュースが自動的に選択されていくものがある。そのほかに、いつも利用している駅を拠点に乗り換え案内の設定が行われるものなどもある。

これを可能にしている技術が、ID 認証とデータベースおよびクッキー（Cookie）である。クッキーとは、接続したサーバーからユーザーの端末にデータを一時的に保存させる仕組み、つまりユーザー情報を保管しておくことができる。さらに最近では、検索エンジンの進化によって、タグ（ウェブページ上に表示されない裏方の情報）の重要性が高まってきている。タグは画像ファイル内にテキストとして記述する仕組みとして生まれたが、タグ技術がより一層進めば、IC タグでモノ同士が対話しあうというユビキタス・コンピューティングのインタフェースへとつながっていく。

ユビキタス・インタフェースに重要な役割を果たすものが、単語のもつ意味や文脈から情報検索を行うセマンティックウェブの考え方である。今後のエージェント

（代理人）技術であるため、詳しくは専門書にゆずる。学習するインタフェースにとって、ウェブはそれを支える技術である。今日、すべての製品がウェブにつながる時代が到来している。そのため、学習するインタフェースはユーザー視点からの大きな展開が期待される。

以上の4つは、ユーザーの内的な感情と関係するインタフェースデザインの視点であった。最後の視点は、ユーザーの内的な要因と関係するが、感情ではなく無自覚の慣れという要因がインタフェースデザインに大きな影響を与えることを示す内容である。

8.5 経路依存性と標準化

初期のタイプライターのキーボード配列（QWERTY）は、キーを速く連続して叩くと細いハンマーどうしが絡み合うという構造的な制約から、わざと人間にとって打ちにくい並び方に設計されていた。キーボードは電子化され、さらに、パソコンが登場した後も、人間工学的に優れた配列が開発され提唱されたが、今日でも、そのもっとも使いやすいキーボード配列は普及していない。

この事例から、1995年にポール・アラン・デイビッド（P.A. David）は、QWERTYの経済学と命名して、単純な技術性能や価格メカニズムだけではなく、ごく些細な歴史的な偶然性によって、技術の普及経路が後の世まで決まってしまうという依存性が存在するという仮設を引き出した。これは「経路依存性」とよばれている。

この例が示すように、インタフェースデザインにも経路依存性の大きな課題がある。つまり、使い慣れたインタフェースデザインにロックイン現象（偶然に過ぎないものが不動になること）が生じるのである。たとえば、多くの携帯電話に採用されている十字カーソルキーが、デファクトスタンダードになったことがある。その十字カーソルキーが携帯電話以外の製品にも採用されたケースもあった。最近ではスマートフォンのマルチタッチ操作も多くのほかの製品に広く及んできている。

これは、インタフェースザインも自然淘汰の原則に巻き込まれていることを意味している。したがって、設計者は人事が及ばないとして傍観するしかないのだろうか。あきらめるのでなく、知恵を出すと決して策はないわけではない。そのひとつの策として、「標準化」（共通化、統一化）がある。つまり、業界の中でのインタフェースデザインを標準化する組織づくりで、経路依存性が生じる前に標準化してしまうのである。

この事例としては、複写機（業務用コピー機）の標準化がある。主要な複写機メーカーの4社（富士ゼロックス、キヤノン、リコー、セイコーエプソン）がかつて、インタフェースデザインに関する標準化のプロジェクト（CRX Project）を立ち上げた。

ネットワーク時代になると、とくに生活の中にコンピュータが深く入り込むユビキタスなネットワークには、標準化の必要性は増すと予測される。なお、ユビキタス技術に関しての標準化は着実に進んでいるが、サービスコンテンツのインタフェースに関わる研究者や技術者、デザイナーに対して、ユビキタスの標準化委員会側の期待も大きい。

8.6 リスクホメオスタシス

日本政府の科学技術政策の基本指針「Society 5.0」[62]で述べられている超ス

マート社会は、「必要なもの・サービスを、必要な人に、必要な時に、必要なだけ提供し、社会の様々なニーズにきめ細かに対応でき、あらゆる人が質の高いサービスを受けられ、年齢、性別、地域、言語といった様々な違いを乗り越え、活き活きと快適に暮らすことのできる社会」（第5期科学技術基本計画より）とあるが、それらのサービスを人々が享受するためには、具体的な、誰でもが使えるより楽しい感性的なインタフェースデザイン設計論が求められる。

このような知的な機械と人間とのインタラクション（インタフェースデザイン）について、ノーマンが「未来のモノのデザイン」の著書[63]で「6つのデザインルール」を紹介している。それが次の『「賢い」機械をデザインする人間のデザイナーのためのデザインルール』である。前章のアグリゲート・コンピューティングなどもこのルールに準拠して設計される必要があると考える。

（1）豊かで複合的で自然なシグナルを与えること。

（2）予測可能であること。

（3）良い概念モデルを与えること。

（4）結果が理解可能であること。

（5）煩わしくなく、連続的な気づきをもたらすこと。

（6）自然なマッピングを活用すること。

一方、ノーマンは、この本の中で、賢い機械の登場により、「リスクホメオスタシス」の危険性も指摘している。リスクホメオスタシス理論とは、安全対策や技能向上によりリスク（危険の意味）を下げることができても、効率性や快適性を求めるためにリスクを高める行動をとってしまうため結局事故は減らないという考え方である。たとえば、「防波堤ができたため、津波の警報が出ても避難しない人が増えた」「トラック運転手にスキッド訓練を受けることを義務づけたが、雪道を平気で走る運転手が増えてしまい、事故総数は減らなかった（ノルウェー、スウェーデン、デンマークの事例）」「ABSを装着した車で運転が乱暴になった」などがある[64]。

つまり、人工知能などによって知的なシステム（機械）が普及すると、予期せぬリスクが生まれることを警告している。このように未来のインタフェースデザインの負の側面も理解して、デザインする必要があると考える。

9

感性的なインタフェースデザイン

INTERFACE DESIGN TEXTBOOK

9.1 インタフェースの新しい特性

最近のインタフェースを観察すると、タッチ操作に代表されるように、直感的に操作できるものが主流になってきている。その背景には、誰もが使う製品の多機能化が進展し、それを使いこなせないユーザーが増えてきているため、直感に訴えるインタフェースが求められているからであろう。また、デバイス技術の発展により小型で高精細な表示画面が開発され、スマートフォンの例に見られるようにほとんどの操作部が表示画面の中に入っている製品も可能となった。

また新しい傾向として、五感に訴えるもの、ゲームの要素をとりいれたもの、「かわいい」「楽しい」など感情を喚起するものなどが見られる。また、ソーシャルメディアによるUGC（User-Generated Content）、CGM（Consumer-Generated Media）などの普及で、社会を構成する人々の「気持ち」を表現するものが増えてきた。iPhoneなどのスマートフォンが売れ行きを伸ばしているのは、単に高機能・便利などの理由だけでなく、新たなインタフェースの特性が強く影響していると考えられる。そこには、「使いたい」というインタフェースに対するユーザーの能動的・肯定的意識が強く働いていると考えられる。

これらのインタフェースは、第2章で述べたインタフェースの階層関係の上位に位置する「感性的インタフェース」である（図2.11）。下位に位置する物理的インタフェースや認知的インタフェースのデザインには機能、効率性の追求、ならびに身体的・認知的負荷の最小化などが求められるのに対して、感性的インタフェースのデザインには、これらとは別次元の情緒的な特性が求められる。したがって、本章では、感性的インタフェースのデザインを方向づける直感的なインタフェースまたは使いたくなるインタフェースとは何か、さらにその特性はどのようなものかを解説する。

9.2 インタフェースデザインの 3 つの体制化

直感的なインタフェースデザインを設計論の視点から理解するために、見やすさ、わかりやすさ、使いやすさの要因を考える。そこで、記憶に関する心理学の「体制化の法則」（群化、まとまりの法則 : law of organization）を拡張した考え方を用いる。この体制化について、心理学では「人間の記憶容量には限界があり、表象として貯蔵できる形に変換する必要がある」、「覚えたい内容を何らかの基準で整理し、全体を組織化すること」と述べている [65]。

ユーザーと製品との相互作用に着目すると、ユーザーは操作対象の認知および操作経験の記憶を手がかりにして、関連する要素をまとめて体制化を試みている。この観点から、インタフェースデザインの目的は、ユーザーと製品との相互作用において、認知から操作までの各要素が相互に関連をもつようにユーザーの体制化を促すことである。

第 3 章で示したノーマンのユーザー行為の 7 段階モデルの流れに沿って体制化が行われると考え（図 9.1）、見やすさを指向する「形態の体制化」、わかりや

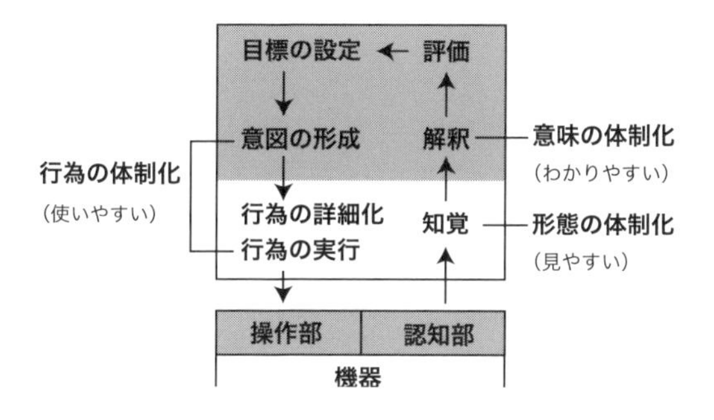

図 9.1　ユーザー行為の 7 段階モデルにおける体制化の位置づけ

すさを指向する「意味の体制化」、および使いやすさを指向する「行為の体制化」の3つに分けて定義する[66]。行為遂行の流れに沿って、先行する処理は後続の処理を誘導する。つまり、「形態の体制化」は「意味の体制化」および「行為の体制化」を、「意味の体制化」は「行為の体制化」を誘導する。

形態の体制化

形態の体制化は、行為遂行の流れにおける、感覚・知覚段階の体制化である。マックス・ヴェルトハイマー（Max Wertheimer）は、人間は刺激を単純で明快な方向へと知覚しようとするとして「プレグナンツの法則」を示した。具体的には、第2章で言及した近接や閉合などのゲシュタルト要因を指す。

インタフェースにおいても、形、色、光、位置などの形態的要素や感覚的要素の関連づけ、また強調、明確化などによって見やすさや視線誘導を助け、知覚が成立するようにデザインが行われている。この知覚が成立すると、解釈・操作意図の形成や行為の詳細化・行為の実行などが促進される。

多機能なスマートフォンのように、アイコンが多くなり選択肢が増えると選択に時間がかかる。ヒックの法則は、決断に要する時間は、選択肢が増えるほど長くなるとしている。これを解決するために、形態の体制化によって多くのアイコンをまとめる必要がある。これを図9.2に示すiPhoneを例に説明する。iPhoneのホーム画面と周辺ボタンでは、頻繁に使うホームボタンはヒックの法則を適用し、最下位に1つだけ配置されている。ハードウェアキーになっているので、アイコンとは類同の要因によって区別される。また、アイコンをタッチパネルの中に配置することによって、閉合の要因も働いている。これらのアイコンは上下に分かれ、近接の要因によって区別される。また、指のスライドに伴って移動する上部のアイコンは、運動や変化をともにする要素はまとまって見えるという共通運命の要因によっても区別される。さらに、ユーザーはタッチパネル操作に慣れてくると、アイコンの位置を手がかりに瞬時にタッチ操作ができるようになる。このように、ホームボ

図 9.2　形態の体制化の説明例

タンを含めると、形態の体制化によってユーザーは3つのレベルでアイコンの位置や重要度、使用頻度などを容易に知覚できる。

なお、操作対象の認知だけでなく、過去にユーザーが操作した形態的要素・感覚的要素の記憶も体制化の重要な要因である。車を運転していると信号機の赤色に対してアクセル操作が敏感に反応する。記憶の心理学では、記憶したときと同じ環境にすると検索しやすいといわれている（符号化特定性原理：記憶するときは同時に周辺の情報も覚えており、思い出すときにそれをヒントにすること）。ここから、「ブラインドタッチの位置」や「信号機の赤」のように体制化が働くためには、前の操作と形、色、位置などが同じでなければならない。アップルの「iOS ヒューマンインターフェイスガイドライン」が推奨する「操作の一貫性」には、少なくとも形態的な一貫性を保障しなければならないと述べている。

意味の体制化

意味の体制化は、知覚が成立した後、過去にユーザーが操作した表示部のアイコンや用語の意味、機能、操作などについて解釈する段階の体制化である。インタフェースとしては、数字・文字・単語・図・アニメーションなど意味をもった要素の並び替え、グループ化、チャンキングなどによって、わかりやすさを助け、機能や操作についての解釈ができるようにデザインする。意味の体制化が成立すると、操作意図の形成・行為の詳細化・行為の実行などが促進される。

図9.3に意味の体制化の例を示す。「0」から「9」までの数字を順に配置することによって、テンキーを表し、数値入力を促す。これに「四則演算記号」が加われば電卓を表して計算を促す。また、「電話」や「終了」のアイコンが加われば携帯電話の操作を促す。

形態的要素は意味をもつことが多いので、形態の体制化と意味の体制化は密接に関係している。テンキーの例では、形態的要素が意味的要素にもなっているので、形態の体制化の違いが、意味の体制化の違いとなって現れている。また、図9.4に示すEPG（電子番組表）は、番組の数と同数の選択肢があるため検索に時間がかかる。これに対して、時間帯や局名など同種の意味的要素を閉合の

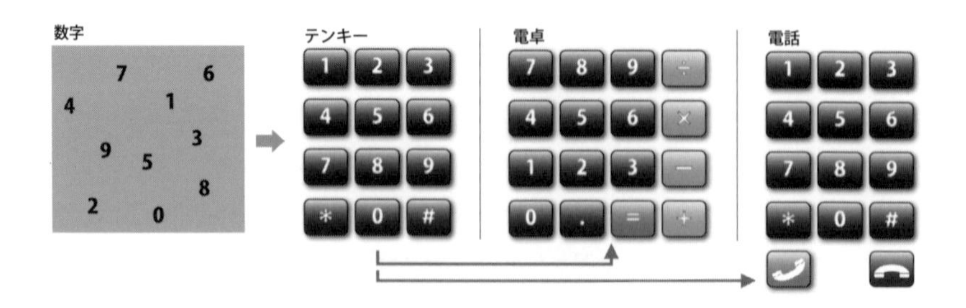

図9.3　意味の体制化の例

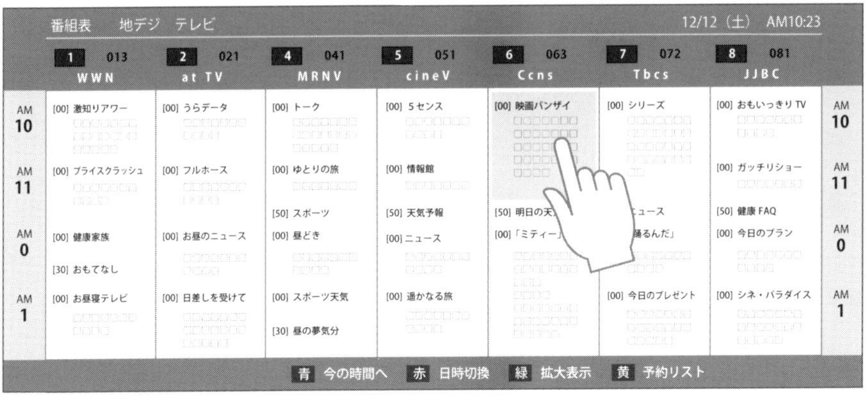

図 9.4　地デジの電子番組表（例）

要因でグループ化することによって、意味をグループ化して、検索をわかりやすくしている。従来の新聞やテレビの番組表に類似して、碁盤の目のように配置された番組名がボタンの役割を果たし、操作を誘導する。

ところで、形態的要素・感覚的要素の記憶も体制化の重要な要因であると述べたが、意味的要素の記憶も体制化の重要な要因である。つまり、意味の体制化に記憶が大きく影響している。心理学によれば、抽象名詞より具体名詞のほうが同時に記憶される情報量が多いので記憶成績がよいとされる（二重符号化仮説 : 具体的な言葉はイメージと一緒に記憶されるが、抽象的な言葉はイメージが一緒に記憶されない）。また、言葉より画像のほうが同時に記憶される情報量が多いので記憶成績がよく、再認性が優れているとされる（画像優位性効果 : 画像の方が言語よりも記憶成績がよい）。

インタフェースデザインでは、第 4 章で述べた目的型インタフェースの操作用語に、オーブンレンジでは「グラタン」、洗濯機では「毛布」などのように、具体的な操作対象物の名称が使われるのは、画像イメージも同時に記憶され（二重符

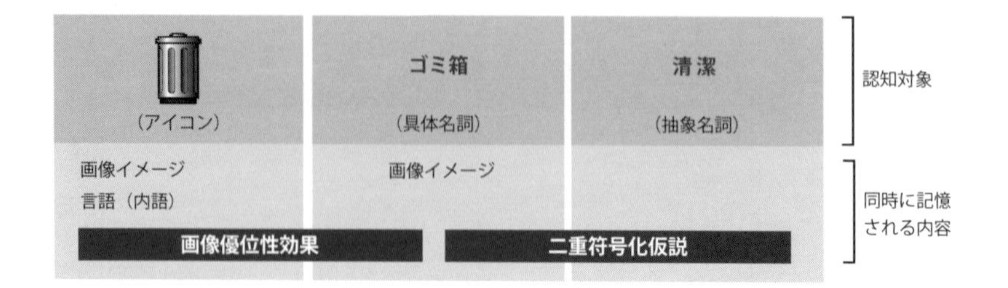

図 9.5 二重符号化仮説と画像優位性効果

号化仮説)、解釈が容易で時間がかからない、つまり、わかりやすいからである。

また、GUIで使われるアイコンは、言葉とくらべて同時に記憶される情報量が多いので記憶成績がよく、また再認性が優れている(画像優位性効果)。このため、初心者でもすぐに操作できるようになることから、直感的なインタフェースの重要な要素となっている。言葉の意味の意識的解釈には時間がかかるが、意味が正確に伝わるので、アイコンとは相補性がある。そのため、アイコンと言葉が組み合わされることが多い。なお、画像も言葉と同じように具体的な表現とした方が、より使い方がわかりやすく、直感的な操作をもたらす。

行為の体制化

行為の体制化は、目標の達成のために、操作対象の認知および操作経験の記憶を手がかりにして、形態的・意味的要素を行為にまとめることである。前段の2つの体制化は頭の中での体制化(心理学では認知と関連)で、行為の体制化ではじめて操作が行われる。

行為の体制化のひとつは、図9.1に示す行為遂行の流れにおける操作意図の形成や行為の詳細化の段階の体制化である。この体制化は、前段までの形態的要素と意味的要素を行為としてまとめること、すなわち認知と操作を結合することである。これに失敗すると（認知した内容に従って操作した結果に問題があれば）認知を修正しながら何度も繰り返す。

認知と操作の結合は、認知過程において、解釈や意図形成を意識する場合と、意識しない場合がある。前者はアイコンや言葉などの意味の体制化を利用した結合である。後者は、写真のスライドや本のページなどのコンテンツ自身を直接操作し、意味の体制化を利用しない結合であり、形態の体制化が行為の体制化に直接結合する。つまり、形態を見たら一瞬にして操作ができることである。

これは、認知と操作が瞬時に結合する直感的なインタフェースである。ユーザーはまず解釈が不要な「形態の体制化」によって直感的理解と操作を試みる。これに失敗すると意味の体制化によって、再び認知と操作の結合を試みると考えられる。認知と操作の結合には、後述するナチュラルユーザーインタフェース（NUI: Natural User Interface）や手続き記憶が大きな役割を果たす。

もう 1 つの行為の体制化に、目標達成のため複数の行為をまとめる働き、すなわち行為系列の体制化がある。たとえば、マウス操作を分析すると、メニューやカーソルへの視線移動、およびマウス操作に伴う指・手・腕の感触や動きなど多くの行為から構成されている。途中で失敗しても、目標が達成されるまで試行を繰り返す。ここに、目標達成のため、複数の行為をまとめるというユーザーによる行為の体制化を認めることができる。心理学のスクリプトの考え方に近い。認知と操作の結合で述べたように、複数の行為遂行の過程においても、解釈や意図形成を意識する場合と、意識しない場合がある。手続き記憶は、特定の目標を達成するために習熟によって体制化された行為系列の記憶であり、後者に該当する。行為系列の体制化を促すインタフェースとしては、以下の方法が行われている。

(1) 行為系列の空間的体制化

操作対象の空間的配置によって、行為系列をまとめる方法である。たとえば、自然な視線や手の流れを利用したグーテンベルク・ダイヤグラムがある。また、デジタルカメラは、右手の操作と左手の操作が同期するように、本体をつかむような配置になっている。

(2) 行為系列の時間的体制化

操作対象の時間的展開によって、行為系列をまとめる方法である。たとえば、ダイアログボックスを使った対話形式のウィザード、音声ガイダンス、光によるナビゲーション、操作に関係ない部分を隠す表示の制約、フィードバックやプレビューなどは次の行為を誘導する。たとえば、最近のデジタルカメラは、操作結果や効果の結果が瞬時にディスプレイにフィードバックされる画像は次の操作のプレビューの役割を果たし、ディスプレイから目を離さずに連続的に操作できる。

(3) 行為系列の結合

行為系列の体制化を促すインタフェースデザインとして、意味の体制化のところで示した複数の処理をひとつの名義にまとめる「目的型インタフェース」や「自動型インタフェース」が挙げられる。この場合、行為の目標や操作対象物の具体的名称やアイコンが使われることはすでに述べたとおりである。最近のデジタルカメラは、行為の目標や操作対象物として具体的名称やアイコンのかわりにコンテンツを用いている。これによって、絞りや焦点合わせなどの複数の行為を一度のタッチだけで済ませることができる。このように、行為系列を結合することによって、操作項目や行為の総数を削減することができ、処理数や処理時間が減少する。

ここまでを要約すると、ユーザーは認知や操作において、形態の体制化・意味の体制化・行為の体制化を試みている。この観点から見やすさ、わかりやすさ、使いやすさの要因を説明した。

9.3 直感的なインタフェース

多機能な携帯情報端末の急激な普及に伴って、いつでもどこでもだれにでも操作できる使いやすいインタフェースが求められている。体制化の考え方をもとに、直感的操作の特性と直感的なインタフェースデザインについて考える。

使いやすさと直感

直感的なインタフェースとは何か、またその特性はどのようなものかをあきらかにする。ここでは、使いやすいインタフェースとの相違も確認する。

アンケート調査の結果、「直感的なインタフェースに必要な項目」のほとんどが「使いやすいインタフェースに必要な項目」に内包された [67]。したがって、直感的なインタフェースは使いやすいインタフェースとなる。逆に、使いやすいインタフェースは必ずしも直感的なインタフェースではない。

使いやすいインタフェースとして多数の回答があった項目を 3 つの体制化の視点で分類し、以下に示す。「見た目がシンプル」「視覚的に見やすい」などは形態の体制化の要因である。「わかりやすい表示」「理解しやすい」などは意味の体制化の要因である。「操作がシンプル」「覚える操作が少ない」などは行為の体制化の要因である。直感的なインタフェース独自の項目として多数の回答があった項目をあげると、「アイコンや画像の利用」は形態の体制化および意味の体制化の要因であり、「タッチパネル」行為の体制化の要因である。逆に、意味の体制化の要因は少なかった。また、直感的なインタフェースとして、「形態や操作のシンプルさ」「時間処理が早い」「処理項目が少ない」もあった。

意味の体制化と直感

直感的なインタフェースデザインのはじまりは、GUI の WYSIWYG といわれている。マイクロソフトのウィンドウズに関するガイドライン [68] に、「直感的」という記述が登場した。その一部を引用すると「見慣れたメタファは、ユーザーが行う作業にとって、直接的かつ直感的なインタフェースとなる。メタファにより、ユーザーは自分の知識と経験を生かすことができ、ソフトウェアの表現は直感的なものとなりまた身に付けやすくなる」と記載されている。つまり、絵文字のアイコンなどのメタファ（隠喩）が直感的な操作をもたらしている。

また、図 9.4 に示した EPG（電子番組表）のレイアウトは新聞の番組表のメタファを利用していて親近性が高く、直感的操作になっている。さらに、空港のチケット発券機などの選択型遷移（カスケード）の操作画面ではアイコンでなく、搭乗券や座席配置のイラスト画を多用した事例も直感的なわかりやすさを表現している。これらをより一層前進させた考え方に、スキュアモーフィックデザイン（Skeuomorphic Design）がある [69]。iOS6 までのアップルのアプリのアイコンやコンテンツは、質感や特徴などに現実世界のモチーフを模倣したデザインを採用していた。図 9.6 に示すように、iPhone の「ボイスメモ」は、デザインを見た瞬間、その機能と使い方をすぐに理解できる。iOS ヒューマンインターフェイスガイドライン [32] でも「アプリケーションの外観と動作が実物そっくりであればあるほど、ユーザーはアプリケーションがどのように機能するかを理解しやすくなり…」と記されている。「実物そっくり」の表現が使い方の理解を促進し、直感的な操作をもたらす。しかし、現実世界の模倣が現実と合わない場合は、その極端な具体性が原因となって、ユーザーが戸惑うという問題点が指摘されている。

意味の体制化でも説明したように、言葉の抽象度や画像のリアリティは、過去の操作対象や経験と現在の操作対象や経験とが類似していればしているほど記憶や理解がしやすく、直感的な操作を誘導する。心理学の視点から、これを親近性とよぶ。インタフェースデザインでは、親近性は、体制化における重要な要因で

図 9.6 iPhone の「ボイスメモ」

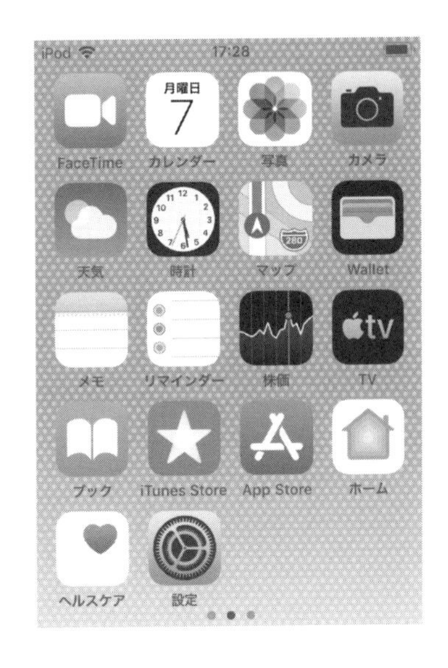

図 9.7 フラットなデザイン

あり、見慣れたメタファがアイコンに使用される。親近性の度合いのもっとも高いものが「実物そっくり」ということである。親近性のソースや度合いは、個人差や文化差の問題もあるが、ソースは自然のあり方（物理法則）、機械の動き方や動作のモデル、類似したインタフェースの操作経験などが考えられる。

ところで、iPhone の iOS 7 から、アップルのミニマルデザインの推進役のジョナサン・アイヴがデザインの指揮をとるようになった。それを契機に、図 9.7 に示すようにアイコンが「フラットなデザイン」に一新された。リアルなアイコンは訴求力があり直感的であるが、その大きな情報量（認知負荷）から誤認知を起こす可能性が高い。シンプルな本来のアイコンの姿になった。

接面の身体化

実生活と親近性があるアイコンを採用したGUIは、インタフェースの認知過程（感覚・知覚・解釈）において大幅な進歩を遂げ、使いやすいインタフェースとなった。しかし、マウス操作に習熟しなければならず、直感的な操作とはいえなかった。直感的なインタフェースをあきらかにするためには、行為遂行の流れの後半である操作過程（操作意図の形成・操作の詳細化）に着目してみる必要がある。アンケート調査結果で、「直感的なインタフェースに必要な項目は」という質問に対して圧倒的に多かった回答が「タッチパネル」であった[70]。以下、タッチパネルを例に、直感的なインタフェースと操作過程を考えてみる。

認知科学の二重接面理論では、製品には2つの「接面」があると述べている。ユーザーと製品の接面である「第1接面」と製品と外界との接面である「第2接面」である。この2つの接面が近づくと使いやすくなるという考え方で、接面が一致すると「身体化」されたと提唱者の佐伯が述べている。なお、今までの情報機器では、マウスやキーボードなどの入力装置が第1接面、仮想現実を表示するディスプレイが第2接面に相当する。

今日の携帯情報端末は、マウスやキーボートなどを使わないで、タッチパネルを直接指で触れて操作する。第1接面が消失し、第2接面を直接操作するインタフェースになっている。これによって、表示部の認知がタッチ操作に結合し、また操作の結果が瞬時に表示部にフィードバックされる直感的な操作を促す。このインタフェースは、対象を操作することによって対象がどのようなものかを認知する一方、手から知覚される感覚によって対象を操作する「知覚と行為のカップリング」を実現した。行為の体制化のところで述べた認知と操作の直結を実現している。

最近普及が進むタッチ操作やジェスチャー認識、音声対話システムといった人間の五感や人間が自然に行う動作によって操作する方法をナチュラルユーザーインタフェース（NUI）とよぶ[71]。実際に、タップやピンチなどのタッチ操作、電子ブックのページめくり、および手のひらや体全体を使ったジェスチャーコマンドなどが

NUIに使われている。これらの操作では、従来の入力に必要であったデバイス（マウス、キーボード、ツマミ類など）に対する認知・操作を省略（行為系列の体制化）でき、認知的・身体的負荷が軽減する。これと関係して、入出力デバイスを意識させずに、実生活と同じ直感的操作環境をつくりだす実世界指向インタフェースでもNUIが使われている。

形態的にも意味的にも記憶や実生活との親近性が体制化に重要であると前述した。同じ観点から、NUIや手続き記憶は、ユーザーの実生活における自然な行為との親近性が高く、行為の体制化の重要な要因である。これを図9.8で説明する。この上下の2例は、どちらもタッチ操作であり、直感的なインタフェースである。Aは、右向きの矢印アイコンをタッチすると画面が右に移動する。Bは、指で画面を右になぞると、画面が指に吸い付くように移動する。どちらがより直感的かを比較してみる。

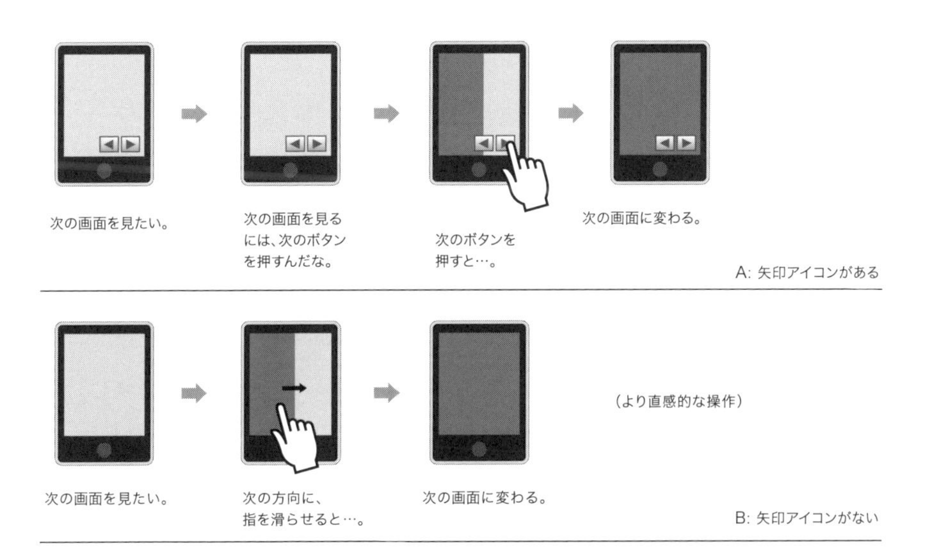

図9.8　直感的な操作の比較例

Aはコンテンツ上に矢印アイコンが配置され煩雑さが感じられる。使い方がわかっているユーザーにとって矢印アイコンはノイズとなる。Bは画面にコンテンツだけ表示されシンプルである。また、Aは操作部分が矢印アイコンに限られているが、Bは画面全体が操作可能であり、フィッツの法則（到達時間は目標の大きさと距離で決まる）から、操作時間が少なくてすむ。このため、Bの方がより直感的である。

さらに、Aは矢印の方向と画面の移動方向が同じである。矢印を見るとその意味が解釈され操作が誘発される。実物と同じ方向の表示を介して認知と操作が結合している。

一方、Bは写真のスライドや本のページなどのコンテンツ自身を直接操作しているので、実物と同じ方向の手の動きになっている。指の移動とともに同じ方向にページが「実物そっくり」に移動するので、実生活と極めて親近性が高い。このため、Bの方がより直感的である。Aは「次の画面を見るには、次の矢印アイコンを押すんだな」という解釈や操作意図の形成・操作の詳細化などを意識する。一方、Bは初めての操作を除き、意識せずにただちに操作が実行される。認知と操作が直結している。したがってBのほうがより直感的である。

実生活と親近性があるアイコンを採用したGUIは、インタフェースの認知面において大幅な進歩を遂げ、使いやすいインタフェースとなった。しかし、マウス操作に習熟しなければならず、直感的なインタフェースとはいえなかった。操作面において、タッチパネルに代表されるNUIが登場するにいたって、実生活と親近性のある自然な操作が可能となり、インタフェースはようやく直感的になったといえる。認知と操作が直結するため、「この表示は何を意味するのか（解釈）」「どう操作するのか（操作の詳細化）」を考える必要がなく、即時的認知と即時的操作が特徴である。

その結果、意味的要素を省略することができ、視覚的にもシンプルである。また意味的要素がないため初心者は戸惑うが、NUIであるため習熟に時間がかからず、一度操作すると次から意識しなくても画面を見ただけで操作できるようになる。この点、使いやすいインタフェースと直感的なインタフェースを比較して、後者にはほとんど「わかりやすい表示」「理解しやすい」など「意味の体制化の要因」の回答がなかったアンケート結果と符合する。

このように、直感的なインタフェースは、認知におけるメタファや操作におけるNUIのように、記憶との親近性によってユーザーがすでにもっているインタフェースの資源を最大限に引き出すことによって体制化することが大きな特徴である。新たな解釈や操作を学習する必要がないので、習熟に時間がかからず、少ない経験で次から意識しなくても画面を見ただけで操作できるようになる。インタフェースデザインとして、親近性の高いソースを探して、それを体制化の観点から表示部や操作部に表現することになる。

感性的なインタフェースデザインの10原則

以上述べてきた内容を、どのように具体化するか指針（ガイドライン）にしたのが表9.1に示す10原則である。また、その10原則の内容を、具体例をもとに図示したのが図9.9（著者のYouTube動画参照）である。

感性的に操作できるためには、形態・意味・操作の体制化から、表示と操作

表9.1　感性的なインタフェースをデザインするための10原則

区分	10原則
表示を単純化	原則1　表示の強調と抑制 原則2　見た目にシンプル
操作を単純化	原則3　身体動作を利用した操作 原則4　操作の自動化
操作をイメージできる	原則5　視覚的メタファの利用 原則6　操作のメタファの利用
ユーザーにIFを意識させない	原則7　表示と操作を対応付けるマッピング 原則8　直接操作の利用 原則9　リアルで即時的なフィードバック 原則10　表示や操作の一貫性

図 9.9　感性的なインタフェースをデザインするための 10 原則（説明例）

の単純化は求められる。原則1の「表示の強調と抑制」では、図9.9に示す頻度の少ないボタンを段階表示（サブパネルの中に配置や画面メニューのプルダウンなど）で隠す方法がある。原則2の「見た目にシンプル」は、たくさんの番組情報をシンプルにまとめた電子番組表は代表例である。

原則3の「身体動作を利用した操作」では、ネット検索する場合もキーワードをキー入力するのではなく、発話音声で入力ができると使いやすいと強く感じる。原則4の「操作の自動化」では、シャッター速度と絞りを数値入力せずに一連の操作を自動化したボタンはとても使いやすく感じる。

次に、操作をイメージできる原則5の「視覚的メタファの利用」で最も有名な例がごみ箱のアイコンであろう。誰でもが不要なデータを削除するとイメージできる。原則6の「操作のメタファの利用」の例が示すように、本のページを指でめくる身体操作だと無意識的に操作できる。

ユーザーにインタフェースを意識させないは、原則7の「表示と操作を対応付けるマッピング」で、たとえば、iPhoneのピッカーは、スワイプという指の操作を誘導するドラムで選択することから、従来のプルダウン選択より直感的にメニューが選択できる。原則8の「直接操作の利用」は、電子地図を指で拡大する例のように、操作対象やコンテンツに対して直接的に操作するとユーザーはインタフェースを意識しないで操作できる。原則9の「リアルで即時的なフィードバック」の代表例が、デジタルカメラのタッチ操作によるピント合わせや画像効果の選択などであろう。原則10の「表示や操作の一貫性」は、一貫性が継承されていると、あまり学習しなくても操作できる。詳しくは、著者のYouTubeチャンネルの動画にゆずる。

これらの原則は、視点を変えるとユーザーの認知的、意味的理解、身体的な負荷の最小化、すなわち認知対象や操作回数およびそれらに要する時間の最小化であるともいえる。

9.4 使いたくなるインタフェースデザイン

直感的なインタフェースデザインはより使いやすくという視点から生まれたアプローチであるが、それだけではなく楽しい、使いたくなるという操作の中に直感的なインタフェースを含んでいる。本章の冒頭でも述べたように、その楽しさをより追求したインタフェースとして、使いたくなるインタフェースデザインがある。その特性について、筆者らの行った「使いたくなるインタフェースデザイン」の調査結果[72]から解説する。その結果から、表9.2に示す8つの特性が求められた。

さらに、以下に述べる各特性の説明から、使いたくなるインタフェースを考えるとき、その構成する要素が、従来のユーザーと製品との関係からユーザーの内面や社会を構成する人々にまで広がっていることがわかる。ここから、表9.2に示すように、8つの特性を3つのグループに分類した。すなわち、インタフェースそのものに起因する特性、ユーザーの内面に起因する特性、社会を構成する人々（社会成員）との関係に起因する特性である。

なお、実際のインタフェースはこれらの特性を複数あわせもつ。インタフェース

表9.2 使いたくなるインタフェースデザインの種類と特性

インタフェースの種類	特性
(1) インタフェース自身に起因 「マン - マシン」	・操作自体が楽しい ・未来的な印象 ・五感に訴える
(2) ユーザー内面に起因 「マン - マシン - セルフ」	・発見がある ・学習する ・心にフィットする
(3) 社会成員との関係に起因 「マン - マシン - ソーシャル」	・自慢したくなる ・ゲームの要素がある

デザインとしては、ユーザーがインタフェース、ユーザー自身そして社会成員と円滑に交感するためには、第 2 章で述べた、見やすい、わかりやすい、使いやすいなど物理的・認知的インタフェースとしての基本的な要件を満たしていることが不可欠であり、加えて認知や操作における親近性をもつ感性的インタフェースであることが望ましい。これらを踏まえて、それらの 3 つインタフェースと各特性、ならびに設計論の考え方について次に説明する。

インタフェース自身に起因するマン - マシン・インタフェース

ユーザーと製品との対話を促進するインタフェースである。インタフェースの物理的仕様、技術、メディアや動作がユーザーに心地よい感覚や印象を与える特性をもつ。

(1) 操作自体が楽しい

インタフェースの物理的仕様によって引き起こされる感覚やフィードバックの演出がユーザーにとって心地よいと、楽しく、また使いたくなると感じられる。例として、電卓のボタンを押したときの心地よい感触や車のドアを閉めたときの重みなどがあげられる。また、操作すると何が起こるか予測のつく機械的構造が見えるインタフェースがあげられる。

(2) 未来的な印象

インタフェースが採用している先端技術やメディアが新しい、珍しい、きれいなどの特徴的なイメージをもっているインタフェースは使いたくなると感じられる。たとえば、脳波を検知して動作するおもちゃに採用されている脳波入力インタフェース、および音声入力インタフェースなどはユーザーに未来的なイメージを形成する。

(3) 五感に訴える

操作と連動した触感、音声、アニメーション、3 次元コンピュータグラフィックスなどのフィードバックがユーザーに快適な感覚を生じさせると、使いたくなると感じる。たとえば、初期のiPodのダイヤル式タッチセンサーを指で回すと、回転速度に比例したピッチのカリカリという音が心地よく感じられる。

「操作自体が楽しい」「五感に訴える」などの特性を実現するインタフェースデザインには、自然な身体操作（NUI）と心地よいフィードバックを連携させる必要がある。また、表示部やフィードバックの演出にマルチメディアデザインやサウンドデザインなどの応用が考えられる。さらに、「未来的」などインタフェースのイメージを重視するデザインには、イメージとデザイン要素（表示部・操作部）との関連を解明する感性工学的手法が求められる。

ユーザー内面に起因するマン - マシン - セルフ・インタフェース

マン - マシン - セルフ・インタフェースは、ユーザーがインタフェースを介して自己との対話を促進するインタフェースである。達成感・充実感などの気持ちや感情、成長の疑似体験や知的体験の確認、製品の意味や価値に共鳴することによる一体感など、ユーザーの内面的体験に起因する特性である。

(1) 発見がある

不明の使い方を解き明かし操作技術が向上する、あるいは操作中に予想外の機能を発見するなどはインタフェースがユーザーの知的欲求に応える効果があり、さらに使いたくなると感じる。たとえば、デジタルカメラを操作しているときに、モニターに写った画像をタッチしたら明るさが変わったことにより、露出補正の操作や効果を学習することがある。新たな発見が次の操作に対しての挑戦を生む。

(2) 学習する

ユーザーのメンタルモデル（認知や操作の経験についての記憶）に合っている、あるいはあたかもユーザーの意図を理解しているかのような応答をすることによって満足感が得られ、使いたくなると感じる。事例として、学習機能をもつ「かな漢字変換辞書」などの適応型インタフェースやユーザーの嗜好や状況に適したサービスを提供するエージェント型インタフェースなどがある。

(3) 心にフィットする

わくわく感、祈り、喜怒哀楽などユーザーの感情あるいは省エネなどの価値観を伴った動作が、インタフェースの表現や応答と合っていると使いたくなる。ユーザーの感情表現に応えるインタフェースとして、そこへいきたいと願いながら目的地を長押しするとピンが飛んでくる地図アプリがある。また、キャラクターが感情や人間関係を表現する「Line」などのメッセージアプリもある。

インタフェースデザインとしては、ユーザーと製品との関係性を特定し、ユーザーの内面をどのように視覚化、操作化するかが課題となる。たとえば、達成感・充実感などの気持ちや感情を促進するデザインには、歩数計の数値表示のように到達点や目標を視覚化する。また、成長の疑似体験や知的体験の確認には、ユーザーを理解しているかのような擬人的表現やフィードバックの演出が必要である。さらに、製品との一体感には、ユーザーが共鳴する意味や価値を暗示するような演出をするデザインが求められる。これらの実現には、次に述べるゲームデザインの技術も応用する。

社会成員との関係に起因するマン - マシン - ソーシャル・インタフェース

マン - マシン - ソーシャル・インタフェースは、ユーザーがインタフェースを介して社会を構成する人々との対話を促進するインタフェースである。

(1) 自慢したくなる

優越感や顕示欲など他者との関係から生じる心地よさが使いたくなると感じる。たとえば、B&O などの高級オーディオ製品の所有者は、洗練されたコントロールボタンやディスプレイ表示を自慢したくなるという回答があった。

(2) ゲームの要素がある

遊びとしてのゲームの要素を一般的な製品やサービスに応用するゲーミフィケーション[73]の考え方がある。この技術や考えをインタフェースデザインに利用することによって、挑戦の感覚や他者と競う楽しさが生じ、使いたくなると感じられる。たとえば、ハイブリッドカー「Lexus」のオーナーズサイトでは、ユーザーの燃費履歴のランキングをウェブで公開している。

「自慢したくなる」「ゲームの要素がある」などの特性を実現するために、インタフェースデザインとしては、ユーザーを含むメンバー間の関係や製品との関係を特定し、それをどのように視覚化、操作化するかが課題となる。

これにはネットワーク上で情報を共有し、メンバー間の成果の比較・評価、ランキングの公開などの手法がある。また、フェイスブック(Facebook)の「いいね」ボタンのように顕彰・賛意を表す仕掛けも有効である。さらに、ユーザーが段階的に能力を獲得していく「アンロック」「レベルデザイン」などゲームデザインの手法が有効である。

マン-マシン-セルフ・インタフェースおよびマン-マシン-ソーシャル・インタフェースは、製品の機能ではなく、製品の意味や価値、およびメンバーが共有する意味や価値などの関係性にもとづいてユーザーは操作する。そのデザインは、機能や効率だけでは理解できない非合理的なユーザーの行動および感情、情緒、価値観などの心理をデザイン要素とするため、感性工学的手法や社会学・心理学の知識が必要である。

さらに、インタフェースが製品のアプリやコンテンツと一体となって埋め込まれているため、両者を明確に認識区別するのが困難である。インタフェースデザインとしては、製品とユーザーとの関係性を容易に認知できる表示部および積極的な操作を誘導する操作部を備えていることが求められる。これらには、ユーザーと製品との時間経過の中で得られる体験の意味や価値をデザインするユーザーエクスペリエンスの手法が効果的である。そして、これらの抽象的な関係を表示部や操作部に具体的に表現にするためには、体制化のところで述べたように、体験に基づいたリアルな表現が求められる。

9.5 ゲームニクス理論

日本のゲームの創成期からのクリエイターである齋藤明宏は、「テレビゲームは、マニュアルを読まなくても操作が覚えられてプレイできてしまう。テレビゲームは、いつの間にか段階的に攻略法を学習してクリアできてしまう。テレビゲームは、長時間にわたって集中してハマってしまう。楽しいゲームをつくるため、日本のテレビゲームづくりにそんなノウハウが数多く蓄積されてきている。しかしそれはディレクター個人のスキルとして蓄積され一般的にも企業秘密的なものとされているが、そのノウハウを初めて体系化したのが、ゲームニクス理論」であると述べている[74]。

以上を踏まえて、彼は自身の経験から、次のゲームニクス理論の4原則を提唱している。

（1）使いやすさを追求した直感的なユーザーインタフェース

（2）マニュアル無しでも最初から何をすればいいのか迷わないようにする仕組み

（3）はまる演出と段階的な学習効果でおもわず夢中になってしまう工夫

（4）ゲームの外部化（現実のリアルな世界を、ゲーム内に拡張して再現またはその逆）

さらに、彼はゲームニクス理論を「もてなしの文化」であるべきとも述べている。

つまり、①「きっとこういう操作をするに違いない」→ 先回りをして押すボタンをわかりやすくレイアウト、②「ここでは道具の使用法がわからなくなるだろう」→ さりげないヘルプを表示、③「目標を見失しなってしまうかもしれない」→ それと気づかれないように次の目的を提示、④「いや操作そのものが単調に感じるだろう」→ 操作自体が楽しくなるようなアニメや音の工夫などである。

人を夢中にさせる「ゲームニクス」とは、常にプレーヤーの先回りをしながら、押し付けがましくない、さりげないサポートのノウハウで、茶の湯の時代から日本の心の底辺に流れている「さりげないおもてなし」という、和の心そのものであると述べている。

つまり、マニュアルを参照しないでも誰でも簡単に複雑な操作ができて、子供から高齢者まで誰でも高度な情報にアクセスできるようになることである。これができて初めて、ソーシャルメディアはみんなのコミュニケーションツールとなる。そして、それができるのは繊細なおもてなし感覚を持ち、かつ精緻で高度なIT端末を開発できる日本人だけであるという。

以上から分かるように、ゲームニクス理論が提案しているのは4原則だけで、その中の「直感的なユーザーインタフェース」などについての具体的な設計論については言及していない。また、参考文献[75]で、任天堂のゲーム機を例にして、4原則の具体的内容を設計論に近い解説もされているが、設計論の視点からも特に新しい内容ではない。

他方、「おもてなし」という考え方から、先回りしてボタンを配置するのは、有名なデザインルールの「制約」(70頁参照)を用いた従来の誘導するインタフェースの考え方とも近い。したがって、視点はとてもユニークであるが、従来の考え方に含まれると考える。しかし、いくつかの同じ考え方をゲームという視点から統合的に整理したことは優秀である。

一方、「ゲーム」という視点にもかかわらず、数学者フォン・ノイマンらの「ゲーム理論」で用いられている「利得」の考え方がみられていない。たとえば、ハイブリッドの自動車では、エコモードで運転すると燃費が向上するというような利得の考え方が採用されている。またスマートハウスでもこの省エネの推進にこの利得の考え方を用いている。この利得は利用する楽しさと関係するため、今後の研究の発展を期待したい。

参考文献

1） アルビン・トフラー, 鈴木健次他訳：第三の波, 日本放送出版協会, 1980

2） ウォルター・アイザックソン, 井口耕二訳：スティーブ・ジョブズ, I, II, 講談社, 2011

3） D.A. ノーマン, 野島久雄訳：誰のためのデザイン？, 新曜社, 1990

4） 伊藤健世, 東田智輝, 岩崎建樹, 井上勝雄, 髙橋克実：誘導概念を用いたインタフェースの提案, デザイン学研究, 研究発表大会概要集, 47, pp.308-309, 2000

5） 坂村健監修：トロンヒューマンインタフェース標準ハンドブック, パーソナルメディア, pp.116-118, 1996

6） 渡部叡, 坂田晴夫, 長谷川敬, 吉田辰夫, 畑田豊彦：視覚の科学, 写真工業出版社, 1975

7） キャサリン S. ロックランド, 一戸紀孝：大脳皮質の構造と働き方を探る, 理研ニュース, 12月号, pp.2-4, 2004

8） 深田博己, 宮谷真人, 中條和光：認知・学習心理学, ミネルヴァ書房, 2012

9） 吉川榮和, 仲谷善雄, 下田宏, 丹羽雄二：ヒューマンインタフェースの心理と生理, コロナ社, 2006

10） 木全賢：売れる商品デザインの法則, 日本能率協会マネジメントセンター, p.129, 2007

11） 松本元：情と意が脳を作る, デザイン学研究, 10, 2, pp.2-9, 2002

12） 野呂影勇：図説エルゴノミクス, 日本規格協会, p.41, 1990

13） D.A. ノーマン, 岡本明, 安村通晃, 伊賀聡一郎, 上野晶子訳：エモーショナル・デザイン, 新曜社, 2004

14） S. K. Card, T. P. Moran, and A. Newell:The Psychology of Human-Computer Interaction, Lawrence Erlbaum Associates, pp.24-44, 1983

15） 大森信行, 北島宗雄：モデルヒューマンプロセッサに基づくロータリスイッチの回転操作の分析, 人間工学, 46, 4, pp.272-276, 2010

16） Rasmussen, J. : Skills, rules, knowledge; signals, signs, and symbols, and other distinctions in human performance models, IEEE Transactions on Systems, Man and Cybernetics, 13, pp.257-266, 1983

17） 木下祐介, 井上勝雄, 酒井正幸：ラフ集合理論と区間 AHP 法を用いたユーザビリティ評価手法の提案, 感性工学, 8, 1, pp.197-205, 2008

18） 山岡俊樹：ヒット商品を生む 観察工学, 共立出版, pp.31-32, 2008

19） 山岡俊樹, 土井俊央：メンタルモデルに基づくデザイン作成ガイドライン案, 日本感性工学会春季大会講演集, 7, pp.109-111, 2012

20） 大村朔平：企画・計画・設計のためのシステム思考入門, 悠々社, pp.69, 1992

21）土屋雅人：目的型ユーザインタフェースの設計方法論の研究，千葉大学博士論文，2001
22）金井良行，井上勝雄，酒井正幸：インタフェース機能表記の調査分析，日本人間工学会中国・四国支部大会講演集，39，pp.2-3，2006
23）井上勝雄，酒井正幸，金井良行：コンテクストインタフェースの提案，日本感性工学会大会講演集，8，p.347，2006
24）酒井正幸，多賀昌江，照井レナ，井上勝雄：高齢者による操作用語の理解度評価と修辞法的属性分析，日本感性工学研究論文集，8，2，pp.399-406，2009
25）井上勝雄，走浩爾，岸本寛之：製品の表示画面を用いた操作ガイドの調査分析，日本人間工学会大会講演集，50，pp.320-321，2009
26）三菱電機株式会社ルームエアコンのウェブサイト：
http://www.mitsubishielectric.co.jp/home/kirigamine/11/select/
27）モリサワのユニバーサルデザインと文字
https://www.morisawa.co.jp/fonts/udfont/
28）井上勝雄，池田敏彰，小関隆史：漢字フォント書体の感性デザイン視点からの分析，第66回春季研究発表大会概要集（デザイン学研究），pp. A8-03（USB），2019
29）飯塚重善，飯尾淳，松原幸行：SF映画からの近未来UIに関する考察，日本感性工学会大会講演集，14，pp.E2-6，2012
30）音声ユーザーインターフェースの理想と現実
https://www.neomadesign.jp/voiceui_intro/
31）AIが声からウソを見抜く　劇的に進化する音声認識が変える世界
https://www.itmedia.co.jp/news/articles/1909/09/news033.html
32）https://developer.apple.com/jp/devcenter/ios/library/documentation/MobileHIG.pdf
33）井上勝雄編：デザインと感性，海文堂出版，pp.136-140，2005
34）ウィリアム・リドウェル，クリティナ・ホールデン，ジル・バトラー：Design rule index，ビー・エヌ・エヌ新社，2004
35）D.A.ノーマン，伊賀聡一郎，岡本明，安村通晃訳：複雑さと共に暮らす，新曜社，2011
36）スティーブン・レヴィ，仲達志，池村千秋訳：グーグル - ネット覇者の真実，阪急コミュニケーションズ，pp.325-326，2011
37）坂村健監修：トロンヒューマンインタフェース標準ハンドブック，パーソナルメディア，pp.120-123，1996
38）ヤコブ・ニールセン，篠原稔和，三好かおる訳：ユーザビリティエンジニアリング原論 第2版，東京電機大学出版会，2002
39）黒須正明，伊東昌子，時津倫子：ユーザ工学入門，共立出版，pp.8-29，1999
40）井上勝雄，岸本寛之，酒井正幸：操作履歴を用いた階層グラフ化手法の開発と提案，デザイン学研究，59，6，pp.31-40，2012

41）三菱電機デザイン研究所編：こんなデザインが使いやすさを生む, 工業調査会, 2001
42）井上勝雄編：PowerPointによるインタフェースデザイン開発, 工業調査会, 2009
43）Carolyn Snyder, 黒須正明訳：ペーパープロトタイピング, オーム社, 2004
44）鱗原晴彦, 古田一義, 田中健一, 黒須正明：設計者と初心者ユーザの操作時間比較によるユーザビリティ評価手法, ヒューマンインタフェースシンポジウム論文集, pp.305-308, 1999
45）山崎和彦, 上田義弘, 郷健太郎, 高橋克実, 早川誠二, 柳田宏治：エクスペリエンス・ビジョン, 丸善出版, 2012
46）平川正人, 安村通晃編：ビジュアルインタフェース, 共立出版, 1996
47）岡田 謙一, 葛岡 英明, 塩澤 秀和, 西田 正吾, 仲谷 美江：ヒューマンコンピュータインタラクション, オーム社, pp.128-134, 2002
48）長尾確：インタラクティブな環境をつくる, 共立出版, pp.81-132, 1996
49）https://developer.apple.com/jp/devcenter/ios/library/documentation/iPadHIG.pdf
50）D.A. ノーマン, 岡本明, 安村通晃, 伊賀聡一郎訳：パソコンを隠せ、アナログ発想でいこう!, 新曜社, 2000
51）坂村健：ユビキタスとは何か, 岩波書店, 2007
52）坂村健：IoTとは何か, 角川新書, 2016
53）森敏昭, 中條和光：認知心理学キーワード, 有斐閣, 2005
54）上野直樹：状況のインタフェース, 金子書房, 2003
55）佐野奈菜枝, 萩原佳奈子, 佐藤祥子：主婦・高齢者の携帯電話の利用に関する研究, 鎌倉女子大学卒業論文, 2002
56）酒井正幸, 井上勝雄, 益田孟：ラフ集合を用いた家電製品の視覚的な使いやすさ感の調査分析, 日本感性工学会論文誌,9, 1, pp.61-67, 2009
57）酒井祐輔, 井上勝雄, 加島智子, 酒井正幸：区間分析を用いた製品の視覚的使いやすさ感, デザイン学研究,59, 5, pp.61-68, 2013
58）井上勝雄, 広川美津雄, 酒井正幸：製品の視覚的な使いやすさ感のガイドライン化, 日本感性工学会春季大会講演集, 7, pp.SI-06 (CD-ROM), 2012
59）「Nielsen Norman Group」のウェブサイト：http://www.nngroup.com/
60）長町三生編：商品開発と感性, 海文堂出版, 2005
61）川西裕幸, 潮田浩, 栗山進：UXデザイン入門, 日経BP社, 2012
62）内閣府ホーム（Society 5.0）：https://www8.cao.go.jp/cstp/society5_0/index.html
63）D・A. ノーマン（著）, 安村, 岡本, 伊賀, 上野（翻訳）：未来のモノのデザイン, 新曜社, 2008
64）芳賀繁：事故がなくならない理由（安全対策の落とし穴）, PHP新書, 2012
65）太田信夫：記憶の心理学, 放送大学教育振興会, 2008
66）広川美津雄, 井上勝雄, 加島智子：直感的なインタフェースデザインの設計論の試み, 日本感性工学会春季大会講演集, 8, pp.S5-2 (CD-ROM), 2013

67）井上勝雄，広川美津雄，加島智子：直感的なインタフェースデザインの調査分析，日本感性工学会春季大会講演集，8，pp.S5-1 (CD-ROM)，2013

68）Microsoft Corporation:The Windows Interface Guidelines for Software Design, Microsoft Press,p.4,1995

69）http://www.lifehacker.jp/2012/11/121102appleskeuomorphic-design.html

70）山下千成美，井上勝雄，広川美津雄：直感的なインタフェースデザインの一考察，日本感性工学会春季大会講演集，6，pp.12E-09(CD-ROM)，2011

71）東京工芸大学：ナチュラルユーザーインターフェースに関する調査，http://www.value-press.com/pressrelease/94315

72）広川美津雄，井上勝雄：使いたくなるインタフェースデザインの設計論の試み，日本感性工学会大会予稿集,14，pp.B6-05(CD-ROM)，2012

73）井上明人：ゲーミフィケーション，NHK出版，2012

74）サイトウアキヒロ：ゲームニクスとは何か，幻冬舎，2007

75）サイトウアキヒロ，小野憲史：ニンテンドーDSが売れる理由－ゲームニクスでインターフェースが変わる，秀和システム，2007

76）工業所有権情報・研修館編：産業財産権標準テキスト 特許編 第7版，発明協会，2010

77）古谷栄男，松下正，眞島宏明：知って得するソフトウェア特許・著作権 改訂3版，アスキー出版局，2000

78）読売新聞東京本社経済部編：「知財」で稼ぐ!，光文社，2004

79）葛西泰二：初心者のための特許出願，すばる舎，2004

80）朝野熙彦編：魅力工学の実践，海文堂，2001

81）丸山儀一：キヤノン特許部隊，光文社，2002

索　引

著者紹介

井上　勝雄（いのうえ・かつお）

1978年千葉大学大学院工学研究科終了，同年三菱電機（株）に入社．2000年同社デザイン研究所インタフェースデザイン部長を経て，2002年より広島国際大学教授，2018年より（株）ホロンクリエイト研究顧問，現在に至る．博士（工学），認定人間工学専門家，専門社会調査士．インタフェースデザイン，感性工学，デザイン評価およびデザイン設計論に関する研究に従事．
著書に『デザインマーケティングの教科書』，『ラフ集合と感性』，『デザインと感性』（共に海文堂出版）他多数．日本デザイン学会研究奨励賞，日本感性工学会出版賞，日本知能情報ファジイ学会著述賞を受賞．

インタフェースデザインの教科書 第2版

令和元年12月25日　発　　行
令和6年 7 月15日　第3刷発行

著作者　井　上　勝　雄

発行者　池　田　和　博

発行所　丸善出版株式会社
〒101-0051 東京都千代田区神田神保町二丁目17番
編集:電話(03)3512-3266／FAX(03)3512-3272
営業:電話(03)3512-3256／FAX(03)3512-3270
https://www.maruzen-publishing.co.jp

印刷・製本／三美印刷株式会社

ISBN 978-4-621-30467-9 C 3055　　Printed in Japan